老屋绿改造

林黛羚 ◎ 著

U0266928

长江出版传媒　湖北科学技术出版社

以通风采光为
基本要件，再以
老家具、自然材
质家具、榻榻米
地板作为诠释
整体空间的基
调，重塑了记忆
中的乡下闲逸
气氛。

在绿色、开放、
平价跟装修之
间取得了平衡
点，创新地解
决了老公寓渗
水问题，也坚
持不让冷气派
上用场，实践
了充满生命节
奏的生活宅。

拜访过阿道的
四十岁一楼老
公寓后，方才
体认，即便位
于拥挤的台北
市街道巷弄之
间，还是有机
会创造出舒适、
怡然又可畅快
呼吸的空间。

在厨房：一面煮
饭、一面看海；
在客厅：一面
听音乐、一面
看海；在南面阳
台望海的同时，
与家人好友话
家常……

发挥老屋潜力，
让父亲有舒适
宽敞的居住环
境、弟妹们随
时都可以来这
里度假，增加
邻居间的互动，
重塑小时候大
家族的社交模
式。

日晒产生的闷
热、白蚁蛀蚀都
是小屋沉重的
困扰，透过改
造，林先生得
以保留住年轻
时的家族回忆，
同时让小屋的
空间更加舒适
自然。

将传统的穿斗
式建筑工法，搭
配旧料，以及
现代的设备与
建筑材料，在
台中市大雅区
工厂林立之地，
创造一处充满
闲情逸致的桃
花源。

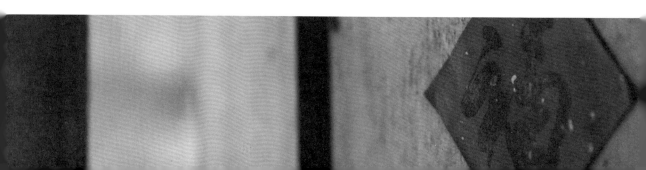

此时，此地，
就是创造理想家园的地方！

通过这次的走访，我发现安身立命之处，也许可以是你我目前所在的家，而不一定是与世隔绝的地方或世外桃源。我也渐渐了解，为什么有些朋友可以住在大都市里，仍然过着简单平静的生活。

曾经与我分享生活体验与智慧的朋友黄明坚，家就在台北市一幢老旧大楼里，平常买菜、采购生活用品，大多在方圆 500 米内，步行就会到，不需要开车或骑摩托车。家里没有电视与计算机，要找她得打室内电话或者写卡片书信。生活中没啥杂事，主要就是看书（大多是佛经、老庄之类的书）与写毛笔字。尽管窗外车水马龙，但她还是可以继续看老庄、练字。虽然我们一年联系一两次而已，但她的生活模式，却常提醒我，在城市中有人这么自在简单地过日子。

《莲叶列表：简单生活七步骤》的作者玛莉安（Marian Van Eyk Mc Cain），曾住在城里一排 150 岁的连栋住宅中的一栋，也曾在丛林里生活过几年，

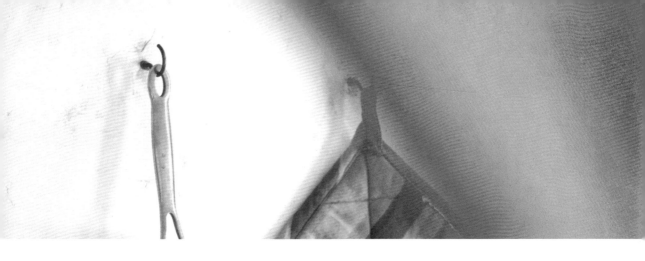

两者都有其独特的体验，但她却坦言自己在城里留下的"生态足迹"相对而言少很多。她在书中提到："在这些经验中最大的发现就是，我了解到'简单生活'不一定要住在澳洲内陆。在城市里也可以像乡下那样过着简单生活。住在郊区的房子、市区的公寓、船屋、旅馆或任何你选择的地方，你都可以简单过生活。"从她书中所提供的七个步骤，我了解到，简单生活，还是要从心境开始。

我试图从简单生活的角度来寻找这次的老屋改造实例——太阳、空气、水，转化为屋况就是温度、风、湿度。屋主们大多是凭着对现场环境的感受，以平价的方式来替老房子做改造。当然，并不是改造完成之后就势必完美无缺，都市大环境中还是有许多干扰因素，而且屋主没有办法给予读者实际的测量数据，只是他们在改造过后，一年之中约有八成时间，在不需要太多电力的帮助下，光靠自然的资源，就觉得舒服，以便他们可以尽量简单轻松地过日子。

本书屋主的职业，也是我们生活中常见的角色，工程师、律师、家庭主妇、老师、公务员、退休人士、创作者等，跟大家一样，都有工作赚钱、养家糊口等现实问题要面对。相较于归田园居，在都市中工作或居住的屋主，似乎就像佛学说的入世修行，可能挑战更大，因为他们要在嘈杂、充斥各种营销信息的大环境中，以忠于自己的方式来改造自己的家、自己的工作室，而这也是我最敬佩的地方；我从他们身上学到，关于住宅的梦想，不一定要到荒郊野外重新创造桃花源，其实可以从现在、此刻、这个地方做起！

在此我要感谢书中每一位屋主与专家，愿意与我分享你们的生活与住家知识，分享你们的喜怒哀乐，也耐心帮我检查作业、提供更多数据与回馈，每次写完一本书，像我这么宅的人又可以借机认识许多朋友；谢谢老爸老妈和外婆，在我截稿时不断支持，不但到新竹为我加油打气，还要我不必常回家（结果还是总因为太想念而冲回家）。最后，真的要诚挚地感谢室友陈阿隆先生，牺牲许多宝贵的周末时光，严格地陪伴我画完每一张手绘图。

书完成之后，故事和生活还是会继续下去，阿羚还是会与屋主保持联系，希望持续关注下去的朋友，也随时回来看看博客。

在此祝福大家，珍惜现在身边所有，当你换上"欣赏"的眼睛看自己周遭的人或事物，会发现许多美丽、祝福与惊喜，早已陪伴着我们喔！

林黛羚

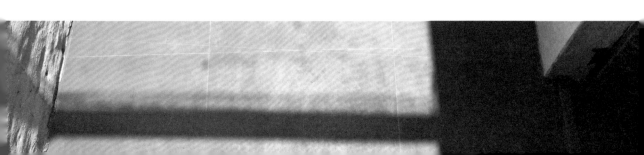

绿色有机的疗愈

踏进家门
就像回到乡下般自在

简单。优雅简单
地过日子

甚少人会把三房两厅的老公寓"玩"成
这样，只能说这间公寓实在太幸运，找
对了主人。阿凯在开始改造时，就以通
风采光为基本条件，再以老家具、自然材
质家具、榻榻米地板作为诠释整体空间的
基调，重塑了他记忆中的乡下闲逸气氛。

❶

简单。优雅简单地过日子

1_ 虽然室内高仅 2.7 米（再扣掉榻榻米就剩 2.6 米）、主梁下只有 1.9 米，但三房隔间都拆除、天花板不压低，活动行走还颇自在。左侧垫高处为阅读空间，右侧大桌是喝茶聊天处。

2_ 从外观看，这是一间毫不起眼的老公寓，位于繁忙的台中市街道旁。

部分图片（兰花照片）提供·阿凯

OWNER

阿凯
一位气质与才华兼备的建筑工程整合者，喜欢拈花惹草，对老茶、沉香与老家具具有极大热情。
email: williamh_30@hotmail.com

HOME DATA

地点: 台中市
屋型: 公寓
屋龄: 27 年
结构: 钢筋混凝土
面积: 约 80 平方米
格局: 玄关、起居室、阅读平台、卧室、大阳台、厨房、浴室
改造时间: 2003 年 6 月至 2004 年 2 月

我拜访过许多家庭，多少会觉得每个家的空间都各有个性，就跟人的第一印象一样，会感受到稳重、热情、冷淡、距离感等不同的特质。

而阿凯的家，是可遇不可求的，它不是老透天，也不是别墅，而是隐身在外表普通至极的老公寓里面！

阿凯的家，位于台中市某大马路旁的老公寓四楼，先天条件不太好——低矮的楼板，只有 2.7 米高，还穿插了几根连我举手都能摸得到的大梁（其实还蛮有成就感的，毕竟我只有 1.55 米高），总面积也不到 80 平方米，朋友都劝他不要买。

闷、热、密不通风

房子格局成矩形，原本隔成三房两厅，最大面积的采光阳台面隔成三间房，西晒时，室内十分闷

简单。优雅简单地过日子

1_ 西北侧角落，将地板抬升，作为阅读空间。地板是用大甲草席包住一般的方形榻榻米，可掀起收纳，地板用亚杉收边、墙面则用台湾桧木收边。

2_ 从玄关看室内全景，室内地板全都铺榻榻米。一进屋内豁然开朗！微风从窗台迎面吹来、室内各处摇曳的绿意，犹如置身沙漠绿洲。

热；客厅与餐厅反而都没临窗，位于"幽暗深处"，陪阿凯来看屋的朋友，都不看好这间房子。"但是这房子位于边间，三面采光的特性很吸引我，加上自己有营造工程的经验，觉得也许可以尝试看看，虽然这是我人生中第一次买房子，但还是看了两次就决定买了。"阿凯说。

等同于"幸福"吗？

"我自己就在做工程，帮忙盖了很多'设计师'的房子，但是盖完之后，走在其中，问自己，这些豪宅或者有品位的房子，等同于'幸福'吗？"

在一连串的工作倦怠、对周遭人或事物感到极度失望之际，也许是潜意识想帮自己的生命找到新的出路与精彩，从毕业之后租屋 8 年的阿凯，决定在 2003 年贷款买下 20 年的老房子（所以老公寓现在已经 27 岁了）。

回家就像回到内心世界

"我想重塑乡下的场景。小时候最快乐的时光，就是每逢寒暑假，从台北回到北埔外婆家，我会帮忙插秧、打稻壳、种橘子，没事的时候就到田边摸田螺、抓青蛙。"专科毕业后，阿凯来到城市工作，"我希望回到家时，所有工作的事情、都市忙碌的气氛，全部都抛到脑后。"

我认为阿凯做到了，他的家门，就像小叮当的任意门。当我们从繁忙的大马路走进公寓、穿过几层灰暗狭小的公共楼梯，打卅阿凯的家门时，真的有任意门的效果，瞬间走进水泥森林中的小小绿洲！

就像是一见钟情，连和我一同前来的摄影伙伴正毅也心有戚戚焉。我还掀起"恨不得这里就是自己的家"的邪念，赶紧敲一下自己的脑袋清醒一下。

尽管当时阿凯还在上班（是阿凯朋友领我们进屋的），家中没人，但可以强烈感受现场气氛：既友善、优雅，又质朴。望眼所及之处，全都铺满榻榻米，完全颠覆榻榻米只能在特定房间里面的

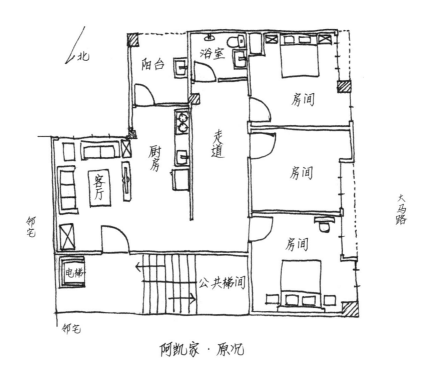

阿凯家·原况

简单。优雅简单地过日子

1_ 夜晚的阅读角落，阿凯觉得在此看书有种被包覆的安全感。

2_ 摇曳的小笔筒树，似乎随风发出了幸福满足的笑声。

3_ 客厅中央的白玉蝶，几个月前曾开出一串串白色的花，让阿凯惊喜不已，偶遇落叶扫掉就好，不会因为种在室内而嫌麻烦。

4_ 夜晚，起居室依旧凉爽，通过照明，呈现出与白天不同的风景。

5_ 工作一整天，回家坐在椅子上，享受微风与绿意，对阿凯来说有无形的疗愈效果。

简单。优雅简单地过日子

固化思维。"我希望回到家,鞋子一脱,就可以踩在软软的地面上,而不是硬邦邦的木地板或瓷砖。还好这里还算通风,7年下来还没换过榻榻米。"

而最最关键的,应该是这一片绿。微风从西侧窗台流进、往南阳台流出,带动室内的全部植物,如养在树干上的兰花、铁线蕨、鹿角蕨……全部随风飘逸着,就像无声的合唱。

植物可以疗愈我、让我心安

正式拜访当天,工作忙碌的阿凯特别"提早"7点回家,冲完澡、点上十分美妙的沉香、泡壶陈年老普洱之后,我们终于准备好好聊聊。

阿凯特别点出了整个空间的绿色精灵——兔脚蕨、波士顿蕨、普通野生蕨类、枫树、白玉蝶等"植物"对这个家的贡献以及对他产生的疗愈。"我一直觉得很对不起这些植物,因为他们本来应该快乐地生长在山上、荒野,而因我个人的私心,他们被迫留在家中陪伴我,所以我希望尽量让他

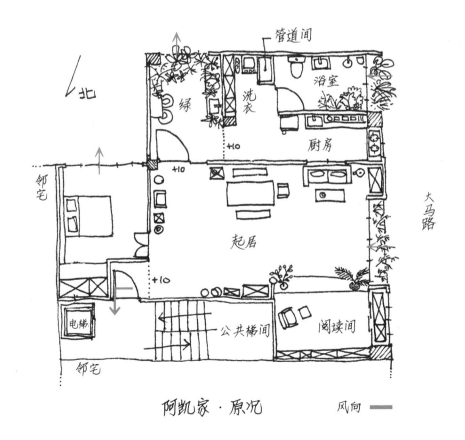

阿凯家・原况　　　风向 ━━

们快乐些。"阿凯说，"我跟朋友请教，学会用树干养兰、养蕨，这样他们不会被盆子所局限，生长姿态也可自由发挥。"待在家中，阿凯觉得植物是让他心安的要件，有时忙碌一整天，回到家时，环境的平静气氛甚至会强烈衬托出他内心的浮动，让他可以觉察、调整自己的心。

第一株铁线蕨因爱而复活

原本刚开始，家里只有一盆铁线蕨，"我把搜集到的树干陆续摆在阳台上，铁线蕨的孢子随风附着到旁边的树干上，慢慢地，小铁线蕨开始长大，越来越多！"几年前因气候太过炎热干燥，尽管阿凯每天都浇水，第一盆铁线蕨仍然开始凋零枯萎，看起来奄奄一息。于是阿凯持续对着它说，"你要努力活下去呀！你在这里生了这么多孩子，你是铁线蕨妈妈！"也许是感受到阿凯的关心，过一阵子，第一株铁线蕨再度生机盎然，至今仍十分健康！

简单。优雅简单地过日子

花 13 年慢挑 6 样老家具

"我的房子到现在还没装修完耶！你看那面墙……"他指着西侧阅读小空间的侧墙，再指指朋友，"他应该要把这面墙弄成土墙才对。"

再谈到家具，也一样还没完全挑好，但在我们旁人眼里，已经十分完美了。"我常跑大雅花市啊，那边常常有人在卖古董家具，有时候价格太贵、有时候又很便宜，但是一定不能冲动，尤其我的公寓这么小，总不能变成仓库吧。"

他以同样理性的方式挑选家中使用的木头，隔间墙用的是台湾铁杉，会随着时间风化变暗色调；抬升的阅读空间的平台边缘，则是用难得一见的大片亚杉，呈现出五种色泽，又称五色木；而室内的主柱是台湾柚木，上面有蛀虫在表面创作的痕迹。

1_ 西边窗台外侧种了一排罗汉竹，可以缓冲外面的人看进来的视线。窗户都没有装纱窗，让室内外的对流没有阻力。

2_ 玄关的面积约 1.5 平方米，是室内唯一用瓷砖铺面的小角落，门由老桧木做成。

3_ 阿凯将小朋友画的树和自己小时候的照片，贴在这两面桧木老玻璃窗上。

拆隔间、阳台"内"推、拆掉纱窗
增加通风与采光

因为本身有建筑工程经验，阿凯很有效率地整合工班进度。他将原本的三房隔间全拆掉，并将厨房与卫浴改变位置，使风可以从西侧窗台进来，并从南侧与东侧出去。炎炎午后，室外温度至少32℃吧，但在阿凯家，室内即使是28℃，也不必开空调，因为有风把汗带走，开个电扇就能维持舒适度。

不同于一般人习惯将阳台外推（就是把原本的阳台改成室内使用），阿凯反其道，他认为原本南侧的阳台太浅，种植物太拥挤了，于是再往室内推了1米，门用落地玻璃门，平时都开着，因此真的会让人有室内户外分不清楚、打破传统的好玩感受呢！

1_ 在原本要放空调主机的位置隔出
内外窗。
2_ 超深阳台，靠近外面的一半，种
满绿色植物，靠近室内，则存放
阿凯爱喝的老普洱茶。

❷

另外，阿凯家也没有装纱窗，只有窗户，位于四楼，高度并不算高，因此还是会有蚊子飞进来。"拿掉纱窗之后，通风真的会更好！""可是蚊子也会飞进来耶!?""会飞进来也会飞出去啊！""可是它会叮人！""就让它咬一口啰。"神奇的是，那天傍晚风徐徐地吹，门户大开的状况下，我也没被蚊子叮咬。

用"家的设计"体贴自己

如果说用"家的设计"来体贴自己，我会觉得阿凯是一个懂得自己想要什么、也真的懂得体贴自己的居者，他下班之后，不是用电视、收音机或网络来麻痹自己，而是用植物这有机的生命体，以及自然的材质，如木头、榻榻米、沉香等，来疗愈自己的五感。

阿凯的家，跟他本人一样，是如此真实地活着的。

1_ 原木薄碗，就放在窗边的矮桌上，随时可拿起把玩。

2_ 和阳台一样，浴室也大量种植兰花与蕨类等气根植物，最高处还有长得蛮不错的鹿角蕨，洗澡时就顺便浇花。

简单。优雅简单地过日子

长凳是樟木，大桌原木是柚木的老门板，隔间墙是用台湾铁杉搭成。

室内通风佳，榻榻米铺了 7 年，没坏也没发霉，但没啥弹性了。

以木板材为底、桂竹为表面饰材，搭建成一道隔间墙，区隔卧房与公共空间。

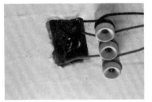

室内电线以复古造型的碍子当固定媒介，并且让电线直接外露。

蛀虫在台湾柚木表面留下的创作痕迹。

近看台湾铁杉板材之质感。

桂竹排列而成的墙面。

阅读空间铺的是特别定制的大甲草席包覆成的榻榻米，传统手工，1 平方米约 4800 元新台币。

旧材料与自然材质
触感亲切自然

花 13 年挑了 6 样老家具，是怎么个挑法？当然他也有后悔没有实时出手的，阿凯碍于家里没有仓库，因此挑家具特别谨慎，闲暇没事就往大雅花市跑，慢慢自学培养出看老家具的实力。他尽量挑整片而非接合的家具，就会显得更加大气。

原来的外墙是在大梁下方，阿凯将原本的墙拆除，往室内推1米，并以玻璃门区隔。然而玻璃门平时都开着，就让空气流通。

重生的铁线蕨妈妈，现在活得很健康漂亮。

阳台"内"推
赚到自然与开放

阿凯想要让自然进来更多，甚至把原本阳台的界线往内移约1米。如此一来，他的众多兰花与蕨类就有更宽阔的生长空间，空气的流动也增强了。

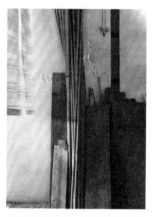

在外阳台的角落，存放着阿凯新收集来但尚未运用的旧料。

阿凯在阳台拍下自己培育的兰花绽放的时刻。

省钱又方便的收纳与展示

阿凯找来一些旧门片或桌面，拆下没有坏掉的部分，重新利用作为厨房的收纳平台。现在市面上已经不太能找到的老木梯，可以垂直收纳一些小东西、节省空间。这些都是自然材质、原木制成，又是用卡榫连接，一般不存在有毒挥发物的问题。

层板　阿凯的厨房及阳台都架起层板作为收纳空间，方便拿取，适合家里杂物不多者参考。

木梯　木梯拿来架毛巾、挂植物或置物，不占空间又方便拿取，不过好看的木梯并不好找，需要碰运气。

轨道　因喜欢种许多气根植物，在阳台与浴室钉上吊画用的轨道，可以方便悬吊各种植物、不占地上空间。

项目	单位（元新台币）
拆除工程	150,000
水电重整	100,000
防水处理	10,000
油漆	30,000
轻隔间（木工）	100,000
旧木料	200,000
泥作	100,000
家具	160,000
总计	850,000

善用外援
引入更多风与光

引巷弄风入室

极度跳跃性、不放过任何可能的思考模式，贾斯汀积累一年半的实务经验后，以自宅作为实验场，在绿色、开放、平价跟装修之间取得了平衡点。他依照自己的想法来做实验，创新地解决了老公寓渗水问题，也坚持不让空调派上用场，实践了自己理想中充满生命节奏的住宅。

①

1_ 从进门处看室内全景。风从北侧来，小书房及厨房的落地窗扮演重要的进风口。

2_ 贾斯汀家位于此栋公寓3楼，临4米小巷，阳台朝北，空气流通主要靠巷道风。

施工图片提供·贾斯汀

OWNER & DESIGNER

贾斯汀

"如果未来可以预知，我宁愿放弃。因未知的旅程总有较多惊喜！"极度跳跃式思考，喜欢从不同角度观察，流浪于四度空间之外。喜爱摄影、单车旅行、计算机多媒体、影像特效、影像编辑、网页、室内装修及程序设计为其专长。
email: waysmac@gmail.com

HOME DATA

地点：台中市
屋型：公寓
屋龄：30年
结构：钢筋混凝土
面积：约56平方米
格局：玄关、客厅、小书房、浴室、厨房、卧室、L型阳台
改造时间：2011年4~5月

决定启动老公寓新计划时，贾斯汀的想法吓到不少亲友与邻居："大家都装铁窗，你怎么不装？"施工时的关键决定，再次惊动工班们："不装空调？夏天怎么办？"完工后，朋友参观过后的反应，让贾斯汀更是充满自信，"这里只有56平方米？怎么看起来像是80平方米！"

贾斯汀的这间"生活宅"位于3楼，老公寓阳台面对的是宽约4米的小巷道，两侧都是上了年份的连栋透天与公寓，第一次去拜访时是正中午，小巷柏油路热得发烫，但屋里却有阵阵常温微风，可以轻易从阳台引导入屋，吹向玄关大门。

贾斯汀其实早就和以前所学专业渐行渐远。如果是新屋，那么玩玩色系、简单装潢，还能理解，但怎么会想亲身尝试改造一套未被定义的高难度老公寓？

这可能跟他充满弹性与好奇心的个性有关，他什么都愿意尝试，而且不想受到思维约束，想实践不同的创意想法。

❶

从兴趣找方向、
用创新思维一步步筑梦

贾斯汀来自一个被称作是"水龙头故乡"的小乡下，家里以制作水龙头零件为主。他成长的环境很宽阔，前方是田，后面有可以嬉戏的大空地，是个玩土玩沙、抓田螺长大的小孩。

1_ 客厅以平价又可防潮的水泥板为地板，柜体台面用拼接的香杉实木集成材料、柜体本身用木芯板做结构材料，都是平价的建材，只要再加点巧思即可达到想要的质感。

2_ 玄关处以尺寸不一的集成板材搭配木柱稍作区隔，再以大镜面增强视觉效果。

3_ 玄关端景，上方灯罩是贾斯汀6年前购于宜家居，这次做点变化运用于此。

当兵退伍后曾担任多媒体计算机教学的讲师，接着又自费出国留学念多媒体，算是一位对什么有兴趣就往哪里冲的热血年轻人。家族经营一家卫浴管件的五金工厂，原本希望贾斯汀留在家里帮忙，不要四处奔走。回国后，懂计算机的贾斯汀与哥哥合作，规划了家里工厂运作的 ISO 系统，成功申请到认证。长辈们认为这次"一定"可以留下他。可惜仍因某些缘故及冲击而离开；他，或许想飞得更高。

唯一支持他的母亲，无奈决定放手让贾斯汀再出去闯荡。在借贷了一笔金额不高的创业资金后，在台中成立广告公司，专门承接中小企业的设计、包装及公司形象网页等。"第一年赔、第二年打平、第三年开始挑客户。在顾好质量的同时思考接下去的 5 年，能有什么机会在这环境拥有立足点？我会以客户的观点看，如果网页完成后却放着不更新，就建议他们干脆不要做，因为有损公司形象。但如果网页更新速度太快，我也会建议他们干脆雇请网页维护人员，这样比找我更省钱。"可惜，能理解的业主终究有限。

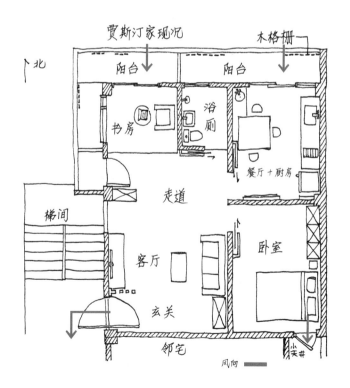

而这样的工作也让他失去生活质量。贾斯汀为了应付客户不分日夜的要求，常得熬夜赶工；有的客户却连付钱也不干脆。欠钱与催讨、熬夜，让贾斯汀赔上自己的健康，肠胃失调、生理时钟大乱。

现在回头想，他反而很感谢当时的经验，"与其一路顺遂中年触礁，我希望能在40岁之前尽量遭遇一些倒霉事，这样将来才有面对的勇气与经验。"最后，他关掉广告公司，给自己一段时间恢复健康与正常作息。

一年七个月的"助理"实务经验

"直到现在，我还是喜欢说我只是'设计助理'"，贾斯汀这样说着。3年前，非科班、没相关经验的贾斯汀获得了一位资深设计师给予的机会，得以从设计助理开始人生新的一页。老板欣赏他丰富的阅历，决定给他3个月的试用期，跟在老板旁边做边学习。"老板后来说，他发现我不太

1_ before 客厅原始状况，地面前后贴了3层塑料地砖。前屋主在卖屋前重新将墙面上漆。

2_ before 原西北侧是厨房，现改为小书房，是漏水最严重的角落，窗户拆除成落地窗。

3_ before 原卧室开窗很小，后来扩宽10厘米到结构柱处。

4_ 从进门处看室内全景。风从北侧来，小书房及厨房落地窗扮演重要的进风口。

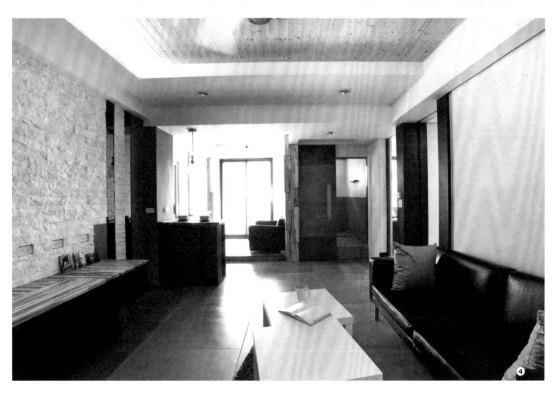

1_ 卧室的窗户宽度拉大、原本的空调拆除，
　 都是风流出去的窗口。

2_ 从小书房看客厅一景。前方矮柜是用木芯
　 板做成的"活动式三面置物柜"，没有固
　 定在地板上，也兼有界定空间之用。

3_ 厨房采光充足，白天不必开灯。橱柜与餐
　 桌下方的柜体，都是用坚固耐用的六分木
　 芯板制成。上排橱柜刻意不做满，因为收
　 纳空间已经足够。

问他问题，而是通过观察，然后自己整理学习、思考，若有错误他才纠正我。我在 3 个月的试用期内，曾同时进行 3 个大小不一的案子，而时间一到通通搞定，让他有点吃惊。"贾斯汀跟客户沟通顺畅且能快速思考，有些其他同事谈不拢的客户，改由贾斯汀沟通后，延宕的案子总是有机会再顺利进行。

"很长一段时间，我都是从一早上班到晚上 10 点，像海绵一样大量吸收。而老板也逐渐放心地把案子交给我。"然而一年半后，贾斯汀再度遇到瓶颈，"我自问，是要继续做这些传统主流的室内设计，还是做自己想做的事？"在去了一趟东京的设计展并看了一些建筑后，也因某些个人因素，贾斯汀还是离职了。

为实践空间理念买下老公寓

离职后，依旧对创新设计绿房子念念不忘，因为这是条好玩的路。同时有些朋友也希望贾斯汀帮他们家设计，但常常拿着样册、杂志或网络截的图片跟他说"我客厅要长这样、厨房要像那样……"，依旧没有创意，也没有针对自己的家对症下药。

"如果我是屋主，我的家会是什么样子？"贾斯汀自问。半年来，他努力吸收各种住宅信息、到处听设计师讲座，最后做了一件多数设计师都不会做，但对他而言却是个重要转折点的事："干脆自己买房子来实践对空间的想法。"这个想法也得到未婚妻的支持。"我们花了三四个月时间，找台中市区的旧房子，最后看上这间30多年的老公寓3楼，原因只有一个，它有很大的'发挥空间'。"

观察现况、活用优点、解决难题

他花了好些时间观察公寓，"以阳台坐向论，它坐南朝北，巷道风会从北面阳台进来，一年四季都这样，只有强弱之分而已。太阳刚出来时，阳光可以照到北面阳台，其余时间，这里只有采光，不会有太阳直射、西晒的问题，西晒是晒到侧栋的邻居家。"

1_ 卧室、厨房餐厅及浴室都用水平拉门，贾斯汀认为这样较节省空间，且浴室的水平拉门可以避免管线间脆弱的墙面被使用。

2_ 阳台邻室内落地窗处用南方松修饰，对面邻居无法直接看进来。

3_ 贾斯汀想创造视野无止境的穿透效果，但四周住户都很不习惯，问他"怎么不装铁窗"的就超过 10 个人。

4_ 原本是厨房位置的小书房，架高地板以便将部分水电管线铺设拉到另外一间；墙面用文化石，调节局部湿气并营造质感。

巷道风不是很强，因此也要增加风动线的出入口。他打掉西北侧原厨房有高度的窗口，改成落地窗，增加通风面积，促使风从阳台进来后，可以从门口和卧房窗户流出，同时采光也因此增加。

"我坚持阳台不再装铁窗，打从拆掉旧铁窗的那一刻起，我就知道我的想法对了，我甚至可以悠闲地躺在阳台的木栈板上看着蓝天做日光浴。但没想到四周住户都指指点点，问我怎么不装铁窗！"贾斯汀没好气地说。

"最超乎我想象的挑战，是'漏水'问题！这间老公寓每层楼的阳台，内埋传送热水的老铜管会漏水，四楼阳台会渗到三楼阳台，三楼也会渗到二楼。我在敲墙时发现了问题，并果断地决定要更新全部管线（这是另一个超出预算的成本），同时改用明管，以方便日后维修。这样的决定让楼下不再渗水，但我很难要求楼上也更新水管或改造他们的楼层。"

在只能治标、无法治本的限制下，贾斯汀考虑了另类的解决方法。他观察到楼上漏下来的水，主要流到正下方一根柱子和一道横梁上，决定将柱子上的瓷砖和横梁旧漆剥干净，使水泥粗胚外露，只剩钢筋混凝土结构体，让渗下来的水可以直接蒸发，"让柱子呼吸的想法"不自觉地产生。

虽然预算有限，但延长使用年限的问题同样也必须考虑，贾斯汀运用便宜耐用的材质，创造出不同的质感，例如用六分木芯板做出室内的所有柜体，再加以染色变化；另外，以耐用防水的水泥板当客厅地板，突显不同质感；没上漆的香杉集成材，则用来做立面及拼接变化，适时地释放它独特的气息。

也因过去的经历，他可以快速整合工期，短短一个半月就施工完毕。"虽然过程中有很多意外状况，但只要换个角度思考，它也可以是个惊喜，例如木工尺寸切错或者会错意，我们可以立即脑力激荡解决困难，有时还有意外新作产生！"

唯一超出预算部分，就是水电管线的更新。"早期电线是 1.6 毫米且全混在一起；现在全更换成 2 毫米，变电箱及主线路则全换成 5.5 平方毫米，所有的断路器也全部更新，并将空调、插座、灯具等全做区分，避免造成电力同时超载负荷，个别最大容量可达 30 安培。而施工完成后全数电灯及电器开启，由技工测试电流数据也才 5 安培上下。"

小书房及厨房一侧，白天时采光充足，完全不必开灯。这里也十分适合赤脚，因为不论哪个空间，都有舒服温润的触感。贾斯汀的家如果将来能够再多摆放一些室内植物，相信会更加生气蓬勃。

贾斯汀这次的老屋改造，让自己体验到不同以往的装修逻辑以及老屋会遇到的状况，他试图重新定义室内设计的概念与思维，有时还伴随着即兴创作，不再只是单一风格和大量木作。目前，他持续思考结合绿房子及平价概念，帮朋友设计住家或工作室，以满足他对舒适居家实践的梦想！

1_ 厨房门口旁的黑板，有着旧式纹路，是十几年前贾斯汀讲课用的黑板，还保留到现在。餐桌下方的柜体，是用坚固耐用的六分木芯板制成（17.5～18 毫米厚）。

❶

process 浴室涂好防水剂以及抿石子附着用的水泥现场。

before 原浴室状况，天花板压得很低，手高举就会碰到。

after 三道防水后的表面防水剂调成特殊水蓝色，与阳台、天空的视觉相呼应，表面涂起来有黏稠粗糙的视觉效果，是防水施作所出现的意外效果。

after 天花板及浴缸拆掉，改成淋浴，省水大方。

"不拆除原有瓷砖"的浴室防水处理法

为了降低拆除的费用也减少垃圾，决定不拆浴室原有的瓷砖。处理方式是先用水泥粉刷补平敲打面，干燥后，贾斯汀在瓷砖外侧，先涂上一层薄防水剂，然后连同地面共上了3次特殊的弹性水泥（墙面建议做到顶）。每次做完一层要等候至少12小时以上再进行第二层（第一层建议要24小时以上）。最后，表面再涂上特调水蓝色的防水剂，下方则以抿石子处理，有吸水且慢挥发水气的特色（空间需保持通风）。而防水施作形成的表面粗糙质感，刚好就成了墙面的特色。

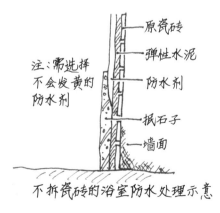

注：需选择不会发黄的防水剂

原瓷砖
弹性水泥
防水剂
抿石子
墙面

不拆瓷砖的浴室防水处理示意

process 将柱体瓷砖剥除、右侧上方横梁漆也剥除，使渗水可借由更多的表面积蒸发掉。

after 梁柱近照。表面就像刻意涂抹不平整的手工仿旧墙。

after 柱子涂上帮助吸排水的石灰粉质土。

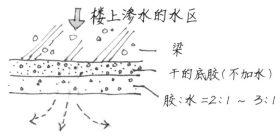

共分两次涂抹，底层是不加水的纯底胶（粉质），待 4~6 小时干掉后，观察渗水状况；再以胶：水用 2:1 ～ 3:1 的浓度涂第二层（依情况调整浓度）。

楼上渗水的解决处理法

如何处理楼上流下来的渗水？只要封住它的出路，水会自行寻找别的地方流，如此可以洞悉水的流向动线好进行处理。

剥除了瓷砖，的确会让来自楼上邻居的渗水借由柱子和横梁加速蒸发，但若让水泥粗胚外露，一来不是很雅观、二来可能会发霉，贾斯汀使用立邦的防水底胶，材质类似石灰、石膏粉。但若依照原包装的使用说明，并没有效果。于是贾斯汀依照自己的做法，抹了两层（见手绘图）在原始壁面上，它可以加速吸收水泥粗胚上的水，也可以减少水泥接触空气发霉的机会。完工至今，似乎还可以应付楼上的渗水和连日雨天的湿气。日后会持续追踪此工法状况，请参考阿羚的博客。

before 原阳台是渗水、积水严重的区域。密集的栏杆也使采光不足。

after 管线及热水管线，都改为明管，并拉到阳台集中处理。管线都集中在木栈道底下以及木格栅之间。

阳台，
管线的集合与过渡区

阳台是管线整合的关键空间。原本埋在楼板内的热水管，因老旧而爆管漏水，改采用明管处理放在阳台地面。而原本西北侧的旧厨房更换位置到东北侧原客房处，所以管线也要重拉，同样要经过阳台拉明管。因此原本阳台的瓷砖也不用敲了，漏水处修补后，直接垫高、改为木栈道，方便维修。

剩料再利用 包覆抽油烟机排风管表面用裁切下来的松木剩料包覆修饰。

香杉集成材 有着与整块实木相同的自然触感（不是贴皮），六分厚的集成材1平方米市价约900元新台币起。

美杉木板与油漆 平价美杉板材，很薄且不坚固，只适用于天花板（角料结构要注意加强），分已上漆（约350元／平方米）和未上漆（约300元／平方米）的两种，各有不同触感。

木丝水泥板 防潮坚固，但是止滑性能较低，不适合有小孩的家庭使用作地板，常用于墙面装饰，133厘米x270厘米x6厘米木丝水泥板市价约750元／片，配合不同做法有不同感觉。

省钱的材料与做法

只要动动脑、做点调查，就会发现便宜的做法，贾斯汀的木作，材料部分花费16万元新台币，用许多平价的材料来压低成本。施作部分包含厨房柜体及餐桌等。

木芯板 坚固、耐用，且只要保持通风，防潮不成问题，不过只适用于通风的空间，因其为胶合夹板，仍会有挥发物。

项目	单位（元新台币）
拆除工程 *	35,000
水电重整 **	86,000
灯具、卫浴及厨房设备及安装工程	66,000
防水工程	30,000
油漆工程	58,000
木工	350,000
泥工	55,000
铝窗、玻璃工程	68,000
杂项	60,000
家具	85,000
总计	**893,000**

改造预算表

* 含敲墙改落地窗、旧卫浴厨房设备及天花板拆除、阳台旧铁窗拆除以及室内塑料地砖等敲除。

** 全室线路换新、水电管路及卫浴管线重配，不含设备及厨房器具。

巷底回风创造室内对流，
活用不插电空调

轻松吐纳，于都市之中

拜访过阿道的 40 岁一楼老公寓后，方才
认识到，即便是位于拥挤的台北市、市
集小吃店密集的街道巷弄之间，还是有
机会创造出舒适、怡然又可畅快呼吸的
空间。

轻松吐纳，于都市之中

1_ 上了紫漆的钢骨作为工作室轮廓的修饰。因坐南朝北，没有西晒顾虑，故将左右两面墙拆除，改为1.8米高的落地窗，增加室内的采光，并纳入公园的绿意。前方空地完全开放，可供停车。

2_ 从起居室看往室外。在台北的一楼公寓能有这样的视野，不只是地点紧邻公园，屋主更要知道如何引景入室。

OWNER & DESIGNER

阿道
30多年的建筑室内设计施工与工程管理经验，除了对美学敏感之外，也能针对不同需求创新建筑工法，偏好使用工法破解难题更甚于材料。
email: taosfy@gmail.com

HOME DATA

地点：台北市
屋型：公寓
屋龄：39年
结构：钢筋混凝土
面积：一楼约100平方米、地下室23平方米、室外43平方米
改造时间：2009年4—11月

朋友阿财临时跟我改约了一个碰面地点，说是他朋友那儿，位于台北市新东街的小公园旁，旁边包围着市集与小摊贩。因为门牌号码混乱，好不容易终于找到了，在一条无尾巷的巷底、老公寓的一楼，门口有一道与楼层同高、用紫色铁框框住的大门，门前还养了棵松树，那时心想，这户人家真特别。

按了门铃，一位打扮休闲的气质美女帮我开门，阿道先生坐在里面，穿着宽松休闲家居服、还打赤脚。里面空间不大，约53平方米，但看起来却还算宽敞清朗。

"请问进来要脱鞋子吗?""不用不用，我赤脚是因为觉得比较凉快!"我们闲聊几句，阿道边泡茶、我们边等阿财，正觉得有点尴尬之际，我发现厨房不时有人进进出出。

"你的家人真多耶，他们都不必去上班吗?"我问。
"啊? 这不是我家啊! 这里是工作室，他们都是我的员工啊!"

我这才恍然大悟，这里不是民宅，是工作室?! 可是……为什么我完全没看到计算机，也没看到办公桌椅，一进来就是这张大实木桌，一堆茶壶很

1_ 阿道的工作室位于此栋老公寓的一楼，二楼以上都是其他人的自用住宅。左侧与邻近公寓之间有一条宽约两米半的防火巷。

2_ 邻东侧防火巷处，在前端起居室部分开了一道矮窗，增加采光与开放性，后段则开了一道小门，作为无尾巷回风的进气口。

3_ 低调的门口就如同住家，门前走道横跨过一小鱼池。

4_ 和邻宅之间的围墙上，放了两只泥塑松鼠，背景是高耸的公寓，显得对比强烈。

像屋主的自家收藏；另外一边还有间大厨房，怎……怎么会是工作室呢?!

后来阿财来了，经过解释我才知道阿道在这里经营的是设计工程公司，他有30多年的建筑与室内设计经验，是美工出身，徒手就可以画出令人钦羡的透视与平面图，主要帮人设计商业空间、独栋别墅等。

公寓一楼重整首重结构安全与强化

两年前阿道还没接手时，房子处于"蓬头垢面"的状况，门前用铁皮屋加盖到满；而现在门面大方简单，除了门牌外没有设招牌，还把门前寸土寸金的土地让给松树与花草。"前屋主把铁皮屋直接盖到紧邻马路，造成里面光线很暗。"阿道说，"这间公寓快40岁了，我买下一楼含地下室。早期这里的地基只埋地梁就填土了，时间久了，地梁及柱子受到潮湿地气影响，会有衰老现象，若遇上地震，对我们一楼的人来说还蛮危险的，我必须做一些补救的措施。"

他先把地梁内的填土清出来，填土经过筛选，部分回填到前院，地梁锈蚀的钢筋重换，再以钢骨补强。地梁之间全部灌浆填满。

一楼的柱子同样经过补强，"我找出支撑楼板的关键结构柱，一共3根，然后定做1厘米厚的生铁，将这3根柱子包覆起来，再用化学螺栓药剂高压灌注生铁与柱子之间的空隙，使生铁与水泥柱成为复合体。"阿道说，"这栋公寓的住户很幸运，因为我们把一楼做得很坚固。"

1.8米落地窗引进阳光与绿意

结构整顿好之后，阿道开始观察公寓周遭的微气候。"我这里先天条件就不错，坐南朝北，不会有日晒过热的问题，反而需要多点阳光。"他把房子正面的墙体全部拆掉改成大片落地窗，也把前屋主搭的屋前车棚全拆掉，室外散射的自然光因此进来不少，也让户外的绿意整个映入眼帘，这在拥挤的台北市区是非常奢侈的享受。

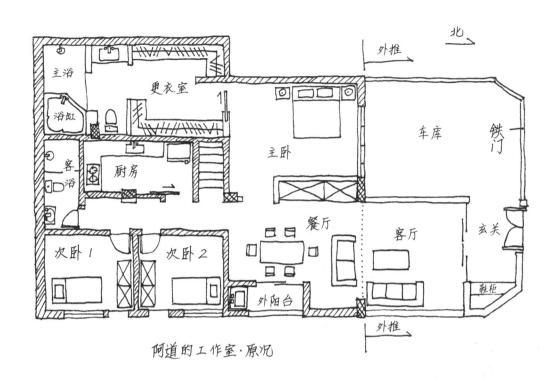

阿道的工作室·原况

1_ 起居室约10平方米大小，以一张大桌为中心，周边的柜子都用来摆放阿道收藏的茶壶。

轻松吐纳，于都市之中

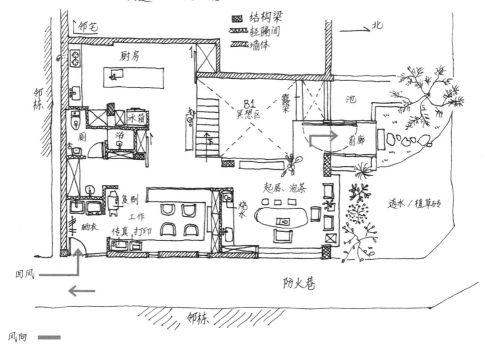

阿道的工作室·现况

结构梁
轻隔间
墙体

北

邻宅

厨房

邻栋

水箱

厕 浴

B1
冥想区

寒炙

池

前廊

透水 / 植草砖

复制
工作
传真、打印

烧水

起居、泡茶

晒衣

回风

防火巷

邻栋

风向

1_ 从室内看往窗外，视线穿过松树看往公园，一片
   绿意盎然。但阿道是这一带唯一把景引进室内的
   住户，附近人家都是围墙或加盖的铁皮屋前院。

引进无尾巷回风取代空调

另外，一般传统印象总觉得"无尾巷"百坏无一好，阿道工作室还位于巷底，一定很闷。然而阿道巧妙利用无尾巷所产生的回风，增加房子的通风效率。"公寓前方是公园的末端，周遭有成排住宅包围着公园，而在我的右侧，隔着防火巷，也有一排住宅，于是产生了三角形的回风空间，风会从公园窜到防火巷，到了底再从工作室的后门溜进来、然后再从大门出去。虽然我们也装上空调，但是并不常用。"

原本还带点温度的风，从公园过来，经过阴凉的防火巷，温度应该降低不少，当时室外是雷阵雨还下不来的闷湿午后，我却以为阿道开了冷气（感觉像是 27℃左右，很舒适），原来都是托无尾巷风的福，觉得很惊讶，但更惊讶的是阿道如此善用风，只是在房子的防火巷侧开一道小门，就让室内如此凉爽！

1_ 右边铁柱为撑起楼板的3根柱子之一。
   用弯成ⁿ形的生铁现场焊接，并延伸到
   梁的部分，梁柱之间还有三角铁撑住。
   地震摇晃时，可确保梁柱受力于一体。
2_ 从门口看，左侧空间是工作室，右侧是
   厨房，中间是书柜及卫浴。

刻意保留的使用痕迹

室内的材料，大都是大地元素，石、木、铁、水泥、板岩等等，阿道认为自然元素百搭，而且具有"时间艺术"的特质，"我喜爱使用过后在材质上留下的痕迹，实木地板或桌面，一定会有刮痕或水渍，久了再推一次植物油就行了。"像是支撑结构柱的生铁，在密合时有铁工师傅焊接的痕迹，师傅本来要把焊点磨平，却被阿道阻止了，"生铁的焊点不要削平，保留粗糙感，才会把人文气息留下来，我甚至让生铁表面产生点锈。当你待在一处有使用痕迹的空间，会觉得比较自在、不受拘束。"有同感！同样的柱子，包覆着有点锈蚀的生铁，会比光亮的不锈钢，更让我有想触摸的冲动。

如回家般自在舒适

真正的工作空间，原来藏在起居室（茶室）的后方，面积约 16 平方米，可以容纳 4 名员工。桌面沿着墙面设计成 ∏ 字形，贴上 2 毫米厚的柚木贴皮，表面经过处理，让柚木的纹理更深，可以触摸感受到。

唯独给员工使用的工作区域不是水泥地，而是实木榫接地板。"这是进口橡木地板，每片地板之间有 V 形铁支撑串联，使地板具有弹性，是国外舞蹈教室专用的地板，踩起来很有弹性，但单价很贵，1 平方米 1 万元新台币。不过若将来搬家，可以拆下来重新铺。"阿道想让员工有舒适的工作环境，觉得花在员工身上很值得，"我从来不要求他们要朝九晚五上班，他们高兴怎样就怎样，只要把事情做完就好。想休息一下，可以到起居室这里喝喝茶，或者到门外抽根烟，或者去厨房弄点东西来吃。"

传统上，客厅是一般家庭最常聚在一起的地方，但是家人在客厅常只顾看电视。而待在厨房可以边帮忙捡菜、做菜、摆放餐具，若愿意牺牲客厅面积，让厨房与餐厅加大，放个中岛，甚至还可以兼具做功课看书的功能。"我在厨房中间放中岛，四周都可以行走自如，成为循环动线最为顺畅的地方，这是使用厨房积累下来的心得。"

每天午饭时间一到，他们不是出去外食，而是轮流下厨，吃的是三菜一汤，家常菜配白米饭或五谷饭，"一楼有1/3的空间规划成厨房，因为吃是生活中必然发生的环节，我希望他们在帮别人设计厨房时，能够让厨房成为凝聚一个家的重要地方。"

除了给员工家一般的自在外，阿道也要求他们精进素描与手绘的能力。每周六下午是员工的素描课，大家专心看着摆在桌子中间的紫砂壶，以各自的角度素描，最难的部分，是圆弧形壶身的比例拿捏。阿道并不会在中途指正，而是在画完之后给予鼓励或建议。

1_ 工作空间只有 16 平方米左右，但桌面沿着墙面设置，即使四位同仁同时工作也不觉得拥挤。地板是 2.7 厘米厚的橡木熏黑纯实木地板。复印机旁的小房间，与防火巷小门相通，是无尾巷回风的进风口，因为通风良好，阿道干脆把家里衣服拿到这里洗晒。
2_ 地下室的天花板拆掉，与一楼打通，地板铺上榻榻米，成为视听音响、小憩打盹的空间。

他们这群人，既是老板与员工，又像是家人与师徒的关系，有点工作压力，但又有在家享受的错觉，满足地蜗居在繁华都市里的小小角落中，边工作边生活。

1_ 同事们会轮流在中岛厨房煮家常菜，中午就不用外食。阿道希望通过实际下厨的体验，让同仁们能更理解厨房空间对家的凝聚性。抽油烟机后方背墙为黑色板岩，不慎喷到油垢水垢也不会太明显。

2_ 工作室里卫浴一景，墙面均贴上黑色的天然板岩。

3_ 近看生铁包覆的柱子，铁工师父施工的焊接点被刻意保留，阿道称之为"人文的痕迹"。

4_ 从起居茶室看往厨房，中间的黑色铁柱为支撑楼上楼板的 3 根关键柱子之一。

5_ 之前的工作室都是沉闷的灰色，新工作室决定使用以前只有帝王才能用的鲜艳色——中国紫（深蓝紫）、中国绿，开灯或自然光下的效果不同。

1_ 包覆的铁板与原本的柱子之间，加上化学螺栓再锁上螺母，增加柱子的支撑强度。

2_ 某天中午拜访，阿道与工作室同事们正在吃中饭，同事用工作室厨房煮出几盘家常菜。

3_ 造型可爱的磅秤钟。

4_ 茶与画笔是桌面上的主角，也是阿道结合了生活与工作的象征。

5_ 从工作室看往室外，公园的绿反射到室内墙面的绿。

空气

榻榻米
夹板
角料
侧边开孔
炭
PVC
粉光
弹性水泥
地基

保持榻榻米干燥通风的施工法

虽然榻榻米是铺在地下室的地面上，两年多了，踩在上面依旧松软，散发出榻榻米刚完工的草席味，整个地下室没有潮湿霉味，十分干爽。

原来，榻榻米下方大有文章，阿道将榻榻米架高约 3 厘米，在榻榻米跟水泥地之间，铺满可以调节湿气的竹炭。并于对面方向设置了垂直的进气口与朝上的出气口，让湿气可以被带走。

阿道特别定做没有花布收边的榻榻米，看起来更加简洁利落。

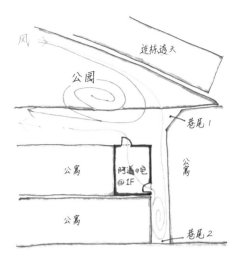

周边环境之风路径图

引进无尾巷回风
增加室内空气流通

从空中鸟瞰阿道公寓及周边环境的话，会发现公园和周遭住宅在阿道门前的无尾巷终点形成一个三角形，从公园另一端吹过来的风在此被引导到两条车子无法行走的小巷，其中一条就是阿道公寓旁的防火巷。

风吹到防火巷底，接着回转时，顺势被挤压进工作室的后门与窗户，再从工作室的前门流出。

风入口的地方当作晒衣间，风透过左侧的百叶窗进来，衣服很快就风干。

防火巷形成回风的空间。

改造预算表

* 含地基底土清运、一楼局部拆除。
** 不含厨具及家具。

项目	单位（元新台币）
拆除工程 *	800,000
结构重整工程	1,000,000
铁工（含外墙镀锌钢板）	300,000
泥作（花园、停车区、水池）	380,000
木作（全室柜体及地下一楼）	2,000,000
室内粉光	620,000
木地板（工作室区）	250,000
门窗	200,000
卫浴	150,000
油漆（木作皆手工推树油）	300,000
总计 **	6,000,000

太平洋的风,
吹过我最爱的窗

家的眷恋

在厨房,一面煮饭、一面看海;
在客厅,一面听音乐、一面看海;
在书房,一面看书、一面看海;
在南面阳台望海的同时,
与家人好友话家常。
满月的夜晚,月光洒在海面上,
宛若时光静止般宁静!

——怡如

❶

1_ 朝南的内推阳台，把北风挡住，迎凉爽南风，还可以看辽阔的海景，大阳台太舒服，曾有客人在这里睡着，一觉到天亮。

部份图片提供·郭文丰

OWNER

怡如、敏修
成员：一家五口（夫妇、小孩、妈妈）
一对享受生活的夫妇，先生敏修为花莲人，从事法律相关工作；太太怡如来自丰原，热爱法式生活，包含居家、美食、音乐、服装等，育有两个充满音乐与艺术细胞的儿子。

HOME DATA

地点：花莲市
屋型：电梯大楼
屋龄：15 年
结构：钢筋混凝土
面积：室内实际使用面积约 215 平方米，建筑面积不含车位约 270 平方米
格局：玄关、起居室（客厅）、视听室、餐厅、厨房、主卧套房、孝亲套房、房间×2、公共浴室、大阳台、书房（念佛室）、小阳台×2
改造时间：1996 年 7 月至 1997 年 9 月

坐在海风徐徐的阳台餐桌旁、吃着怡如手作的法式焦糖布丁，因为太好吃了，一连扫了两个，觉得自己实在很幸福，很是羡慕怡如和敏修能住在这样一处舒适的地方。

在某次于花莲讲座结束后，怡如来到台前分享她的心得，也邀请我去她家看看，时隔一年，经过一番信件来回与照片分享，终于如期到府拜访。

怡如家离海港只有一千多米的距离，在家里就可以享受近在咫尺的太平洋海景，"就像在希腊一样，可以看到一望无际蔚蓝的海岸呢！"

免于日晒之苦的顶楼住户

引发我好奇心去拜访的，是顶楼的居住条件。怡如家位于电梯大楼最高楼层 12 楼，照理说，相较于楼下的住户，顶楼住户必须多承受 20% ～ 30% 的阳光辐射热，从天花板传下来，也因此增加了空调的负荷量，怡如却说家里很少开空调，包括最近炎热的大暑前后。"你们应该在顶楼加

家的眷恋

A-B户合并前原格局示意

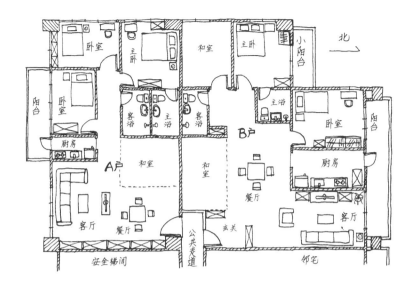

1_ 在自家阳台可以很舒服地享受太平洋海景与海风，家人常待在阳台喝下午茶、吃自制的法式甜点，难怪外出住饭店都缺乏惊喜感，归心似箭。

2_ 拍照时是正中午，出大太阳，室内温度27℃，不过因为有风，甚至连电扇也不需开，还必须把阳台的落地窗关小，以减小过大的风量。

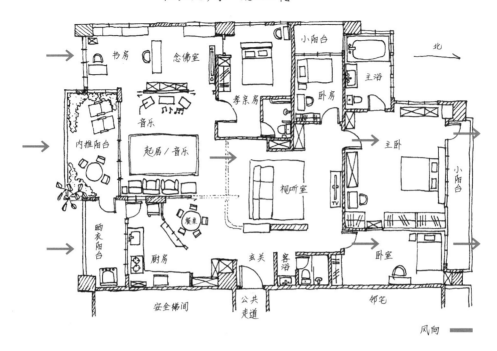

怡如敏修家·现况示意

书房　念佛室

音乐

起居/音乐

内推阳台

晒衣阳台

厨房

孝亲房

视所室

TV

卧房

小阳台

主浴

主卧

小阳台

卧室

玄关　客浴

餐桌

北

风向

安全梯间　公共走道　邻宅

1_ 怡如喜欢法式的清爽居家风格，因此在选择沙发时，挑了两张难得一见的优雅白色布面单人沙发。公共空间有些部分以隔屏作区隔，但视线仍可穿透。

盖了一层遮蔽吧？""没有耶，就是水泥地的屋顶，顶多就再做一层防水而已。"于是我决定去了解，到底是什么方式让他们身在顶楼却不会受到日晒之苦？

拜访当天是 7 月下旬的中午，艳阳高照，室外温度三十一二度，湿度约 70%，走出花莲火车站的时候，感受到的是没有风的微闷天气；然而到了怡如家里，风倒还不小，一阵一阵的，而最吸引人的，应该就非大阳台莫属了！

阳台内推形成舒适长廊

"楼下的住户都把这个阳台'外推'，但我们却来个'大内推'。"怡如的老公说，"早在建筑商施工进行到最后的顶楼工程时，我就告诉他们，阳台墙不要搭，我们自己处理就好。"从阳台上方的梁开始往内算 1 米，他请铝门窗工人做了五面大落地窗，最右侧固定，其他四面可以顺着轨道移动调整。

内推的这 1 米加上阳台原本的深度 1.5 米，使整个阳台现在深达 2.5 米，搭配 5 米的长度，可以放进一张小圆桌、两张躺椅，还可以在边缘种植许多植物，像兰花等等。

内推的阳台，之所以设在朝南方向，是怡如的老公观察过周遭环境之后的决定。"我发现夏季白天，凉爽的海风都从我家南面往北吹，只要我有办法制造南北向的通风，就可以顺便把顶楼传导下来的热给带走。"阳台有风的时候真的很舒服，也曾经有晚上在阳台一觉睡到天亮的美好体验。

顺应周边环境自改格局为坐北朝南

因此，不同于楼下其他住户坐南朝北的设定，也不同于建筑商把大楼一楼的大厅正门朝北的设定，他自行更改格局，把原本规划的坐南朝北改为坐北朝南。"花莲港这一带，东北风冷到刺骨，如果把家的大面积窗口对准北方，很容易感冒。我们改为朝南，把北风挡住、迎凉爽南风，还可以看辽阔的海景，怎么想都觉得这样比较合理。"

1_ 怡如与敏修的家，位于此栋大楼的顶楼，此为朝南一面，其阳台是整栋大楼中唯一完全开放，甚至内推进去的。
2_ 从起居室往大阳台处望去，大面积的阳光进到室内，但由于深檐的关系，太阳的热并不会透过落地窗进到室内。
3_ 书房兼念佛室的角落一景。敏修父亲生前最喜欢坐在摇椅上，面对着海洋看书。
4_ 利用既有的梁下空间安装轨道，机动区隔出空间，满足遮光或节省空调电费等需求。
5_ 经过五六次讨论，建筑师郭文丰帮怡如一家所做的室内配置模型，灰色块为大阳台空间。
6_ 南向大阳台是整个家的进气口、采光口，也是享受生活的关键空间。

怡如家成为整栋大楼唯一改向的住户，建筑商来拜访时很惊讶，才知道原来自己的地基拥有这么棒的优势。而有些朋友来访之后，也爱上电梯大楼顶楼的空间，不过却没有真正抓到要诀，虽然享有了视野之阔，却因没有善用对流与通风的优势，而必须花更多费用在空调上，也无福享受新鲜对流的空气。

怡如家唯一还需要调整之处，是主卧房的房门，这里是北风的主要路径之一，房门一旦关起，室内的空气就不太流通了，"有机会的话，我们会把主卧房门改成百叶窗，增加通风的面积。"

相较于一般住家，一年之中，他们需要开空调的时段并不多，通常是在夏季夜晚。主要是因为顶楼屋顶毫无遮蔽，白天时，热会被海风带走；到了晚上，海面与陆地温差变小、自然风的流动降低，水泥屋顶在白天吸收的热也开始释放出来，因此入睡或客人来访时，就需要开空调。

1_ 坐在大阳台太舒服，曾经有客人在这里睡着，一觉到天亮。

2_ 家中的清水砖墙，是台南红砖手工窑的产品，逐块计价。清水砖给人亲切、回到过往时光的感受。

3_ 餐桌是老家搬过来继续使用的古董大理石桌。餐厅与厨房间，用斜向隔间和玻璃木窗增加餐厅的采光。

4_ 起居室与厨房之间，开了一道窗户，让怡如在厨房烹饪时，也可以与其他家人互动。

当然，视野良好必然也会伴随无天然或人工屏障的问题，"台风时狂风暴雨，极其刺激。又邻近海边，盐分偏高，家中电器、金属等氧化较剧！"家中德国进口名牌大烤箱，外侧已有局部剥漆生锈，剪刀、菜刀等铁类也需要有保护罩，以减缓生锈的速度。

喜爱赖特的开放与通透感设计

另外一个帮助通风的关键，是公共空间的部分隔间没有做满，兼顾通风与视线的开阔感。这样的灵感其实是来自建筑师赖特（Frank Lloyd Wright），"我们喜欢赖特设计的房子，充分运用住家环境，以各种自然材质交错使用、宽敞通透，虽逾百年，仍然雅致；是不受时尚影响而退流行的隽永感觉。我家的设计中，与此精神相关的有餐厅厨房的隔间墙、清水砖墙、门框、房门以及定制的铝本色铝门窗等。"

怡如说，"经过建筑师郭文丰的设计，一切都那么自然、和谐、理所当然，几乎感觉不到事前的设计痕迹与安排！还记得刚搬进去时，在家里拍了一些照片冲洗出来的'历史感'，宛如在古屋照相的时空错觉！"

另外，房子三面采光，且皆留有阳台；除有舒适的户外眺望风景外，万一发生火灾时，亦有良好的空气及避难待援空间。"记得当时设计讨论相当密集，"设计师郭文丰说，"我印象最深刻的一件事，是有一回工地急需设计图，我才画好，要上班也不能请假，邮寄来不及，那时候也没有宅急送，我就拿着图去火车站月台，挨个问等车的人有谁可以帮忙带图去花莲，居然还真的有位先生愿意帮忙，把怎么看怎么像爆裂物的图筒带去。真的很感谢！"这件事，敏修至今也津津乐道，愿意帮助他人的路人甲乙丙，正是台湾处处见温情的最佳证明。

1_ 不需光线的视听室位于房子的中心点，串接其他空间。
2_ 走出卧室，视线可以一路穿越视听室、餐厅，看到厨房。
3_ 主卧的浴室位于西北侧，只要卧室的门打开，就能产生空气对流增加干燥的速度。

机动性的隔间帮助节省空调费用且遮光

怡如与敏修一致认为，家，就是要让全家人的互动更紧密，"我们刻意让公共空间宽敞舒适，每个人的房间面积稍微限缩。这样我们全家人除了睡觉之外，通常都会待在外面，使互动频繁，不会各自窝在房内而变得疏离。在这个宽敞通透的公共空间中，借由活动拉帘及透明木门的机动安排，让各空间于需要时，仍可各具独立性，节省空调能源或控制光线，并调整室外自然风于室内的流动。"在视听室、餐厅与起居室的交接处，天花板的轨道交错成十字形，遮光窗帘可以随需要移动，平常收起来也不会占空间。

除了上述的海风盐分的环境缺点之外，怡如还开玩笑补充："住在这儿的最大缺点，就是出外旅游入住饭店时，欠缺惊喜感；让人立即怀念舒适又美丽的家，归心似箭！"

也许是每天看到一望无际的海洋，心情就好起来，怡如跟敏修一家人，给人开放、阳光且直率的印象。怡如很喜欢做法式料理与甜点，常到台北进修烹饪课程，待两个孩子都大了，她计划前往法国进修烹饪艺术，取得蓝带认证，再回国开设餐厅。我边流口水边期待、诚心祝福怡如的梦想早日实现！

1_ 从阳台往外望去，就是花莲港及太平洋。

家的眷恋

大阳台与厨房阳台原本相通,不过因为厨房阳台用来晒衣服,后来决定用活动木门作区隔。内推的部分,天花板用耐海风的实木板条修饰。

抿石子梁柱左侧,是大楼原本设定给住户的阳台空间,宽仅约1.5米。从抿石子梁柱往右开始,原本是室内空间。

内推大阳台

有好奇的访客问怡如,是如何"外推"或"加盖"出这么大的阳台?事实上,是怡如与敏修完全颠覆传统的居家改造习惯,退让出室内约1米的深度,从而造就出这美好的空间。

右侧的滑轨拉门可作为书房(念佛室)与客厅之间的区隔。

利用梁下空间设置遮光窗帘轨道,全家人在右侧用餐或在左侧视听室看电影,只要拉上窗帘,就可以减少空调的运转或者遮住其他光源。

隔间不做满、创造机动性

喜欢莱特所设计的开放与通透空间,但考虑到台湾的气候与空间需求,机动性的临时隔间还是有其必要性。利用悬吊式轨道,既不影响地板清洁与顺畅度,也可以用来满足需求。有了临时隔间,可以避免空调散逸到别的空间造成浪费,也可以用来遮光线,或者提供单独空间的隐私与安静。

减少屋内直线线条、增加横线条的设计,从门框、窗框到木作贴皮,"例如厨房餐厅的木作隔墙于贴皮时,以横向处理。记得当时此横向贴皮的要求还招致木工老师傅不断质疑及抱怨,想想还真有趣!"另家中铝窗的横区隔,除有结构加强效果外,还可借由视觉的错觉,以减轻其压迫感。

让梁位于空间区隔处,屋内主梁位于餐厅与视听室中间的轨道隔帘上方,最低净高仅约2.3米,以储藏柜及局部天花板,加上功能性的轨道隔帘修饰,隐藏其压迫感。

运用横向线条
减轻楼板压迫感

扣掉地板高度之后,净高度大约2.7米,怡如说明,设计师郭文丰通过左侧的设计方法,减轻或隐藏压迫感。

项目	单位（元新台币）
灯具、卫浴及厨房设备工程	150,000
油漆工程（ICI 白色棉棉漆）	80,000
木作工程	380,000
泥作工程 *	340,000
铝窗、玻璃工程（气密窗、8 毫米强化清玻璃）	120,000
杂项工程 **	35,000
设计费 ***	30,000
总计	**1,135,000**

工程预算表

* 含两堵清水砖 9 万元、石材购买及施工 25 万元。
** 南面防台铁门及栏杆、窗台。
*** 友谊无价，整数不计，3 万元是取零头。

那段美好时光，就是现在

顺着风，
与大地一同呼吸

"以后自己当长辈，是否有办法与晚辈们凝聚在一起？"来自花莲的奕叡，曾经享受大家族热闹又满溢的关爱、邻居亲戚互访频繁。现在，他试图发挥老屋潜力，让接来同住的失智父亲有舒适宽敞的居住环境、台北的弟妹们随时都可以来这里度假，同时增加邻居之间的互动，重塑小时候大家族与村庄的社交模式。

1_ 从后院看往奕叡与诗闵的家。红色部分是红砖外墙，用
  以呼应隔壁的红砖古厝。
2_ 房子前方的停车场空地，是用房子内部拆除的隔间碎水
  泥填满的。

部分图片提供·奕叡

OWNER

奕叡
家庭成员：三人（夫妇、父亲）加一狗、周末多二至四人。目
前为宜兰慈心华德福中学老师，也是准爸爸、老公与接父亲来
同住的孝顺儿子。喜爱接触园艺、木工、绘画、文学及与教育
有关的一切。
email：areychiu@gmail.com

HOME DATA

地点：宜兰县冬山乡柯林村
屋型：独栋透天
屋龄：27 年
结构：强化砖造
面积：一楼 73 平方米、二楼 80 平方米，增建 40 ～ 50 平方米
改造时间：2010 年 8 月至 2011 年 2 月

走路都有风，不只是在路上，也可能在家里发生。

奕叡家徐徐凉风，外面出大太阳，里面连电扇都不用开。他的开窗方式，勾起我的好奇心，明明都是窗，为什么北面要向右开、西面要向左开？为什么不装水平窗就好？"一开始我也觉得装传统气密窗就好，但住在这边超过半世纪的邻居跟我说，这里早上先从东南面吹来海风，然后再转由东北侧吹过来。风向慢慢转移，到了傍晚，吹山风，又从西南侧过来。这样的开窗方式，可以吸纳进最大量的新鲜空气。"就好像房子随时都在呼吸，采光与动线都给人舒服自在的体验。

奕叡是花莲玉里人，目前在宜兰的慈心华德福中学担任老师，已经住在冬山乡柯林村四五年的光景了。原本老婆买的公寓，就在他现在住的房子的视线之内，离一两百米而已。

"本来住得好好的，也没想要搬，直到准备要结婚了，想到以后可能会接爸爸过来住，觉得该有间自己的房子会比较好。"奕叡说，"宜兰虽然很广阔，但要找到没有电塔的地方，并不容易，买

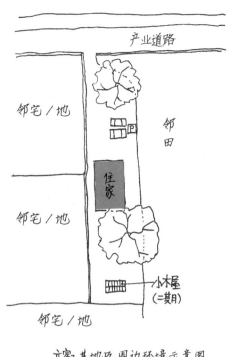

奕叡基地及周边环境示意图

1_ before 奕叡家前方原本的路面状况，柏油小路的左侧还是稻田。

2_ before 从原始屋况的背面看，都有外加的屋檐，导致一楼室内十分阴暗。

3_ 红砖外墙以水泥墙为底，于外侧再铺上清水砖，营造出砖墙的质感。

4_ 房子的结构体维持原样，不过外观造型整个大改，包括开窗与大门的方向，大门转向，多了过渡的半户外空间，也让视线不会一下子对外。

一块地自己盖又太贵，只能找成屋；也曾想要买新盖好的连栋透天，但格局都固定了，不吻合我们的需求，只好自己骑车到处绕。"

当时奕叡就注意到这间老屋，地基周边状况不错、外观格局也颇方正，就以它为理想模板，描述给中介听，"中介说，手边刚好有个对象吻合描述，结果他居然带我来到同一间房子！"

积蓄买地买屋，家产变卖换改造费用

等亲自进到房子里面却见到非常阴暗的客厅，因为左边的窗户都被隔间墙遮掉。右边窗户一样没有光线，因为外面有原屋主加建的大屋檐。但其中可取之处是墙壁非常厚实，室内没有发现壁癌。"我犹豫了 3 个月，同时四处看别的房子，但只有这间满足我的要求与预算，它是 1000 平方米的老农地、又内含 264 平方米的建地，而且房子还盖好了。"

1_ 半户外的空间，出现在大门与后门，成为室内外的过渡，后方将来打算延伸架起葡萄藤架。外玄关用灰色系不同材质，诸如抿石子、磨石子等营造变化的地面。

2_ 这扇窗正对厨房工作台面，将光线与风带进室内，满足奕叡要在阳光下做早餐的想法。

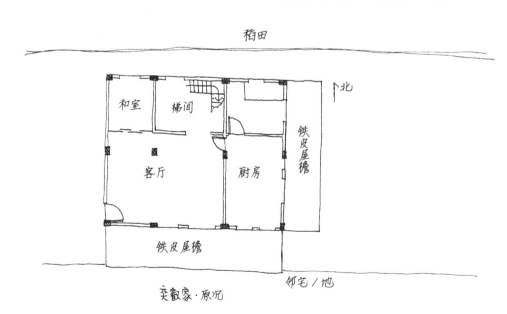

稻田

和室　　梯间

客厅　　　厨房　　　铁皮屋檐

北

铁皮屋檐

奕叡家·原况

邻宅／地

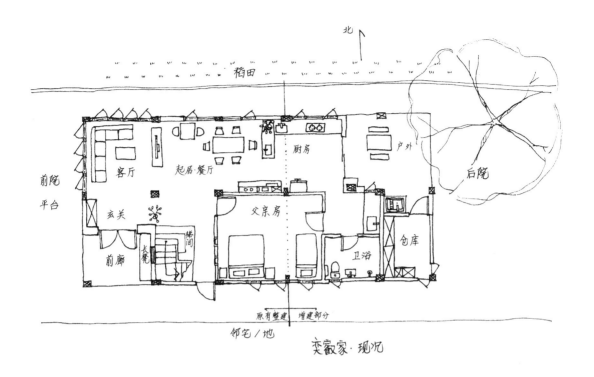

奕叡和老婆诗闵用 9 年来全部的工作积蓄买下了老屋，然后呢？"然后我就没钱了，没钱改造这间房子了！"他苦笑。房子没有整修没办法住，身为长子，奕叡会把失智的父亲接过来住，他和母亲及弟妹讨论、征得大家的同意，变卖了花莲市区的房子，动用其中 300 万新台币现金。

300 万新台币要处理的项目，包括整栋房子的外观、后段增建的 40 平方米（加上二楼就有 80 平方米）、门窗位置重新配置、一楼及二楼的室内格局拆除重盖、卫浴及化粪池，还有室外通往产业道路的动线……等等，其实根本不够，后来还是追加了一些预算。奕叡请建筑师张弘桦画设计图后，他再自行发包与监工。

将家的梦想汇集在剪贴簿

奕叡提供给弘桦参考的数据是一本剪贴簿，里面是他花了一整年的时间，对自家房屋格局的思考。他尤其看重"房间与动线"的关系，在他的笔记中提到："在一楼，考虑没有过道的空间流动看看；或者是让过道形成一种回路，回路通所有主要房间，并将过道装饰得像房间一样，有书架、可倚靠的地方，入户空间和楼梯也照办。"

动线与开窗设计贴合父亲的需求

在约 110 平方米的一楼室内，父亲的房间约 16.5 平方米，里面容纳父亲自己的双人床、看护的单人小床，预留一整排的收纳柜空间，同时还有足够轮椅回转的空间。父亲的房间有两扇门，一扇通往客厅、一扇通往大卫浴，"有客人来时，父亲若要用到浴室，就不用出来抛头露面，比较有自己的隐私。"父亲不爱别人管他，奕叙还在房间外墙设两扇小窗，表面上说是透气，实际上是可以随时关心父亲的状况。

他也很注重采光，在笔记上他写道："让每个房间尽量有自然的光线，可仔细看见人们一闪而过的细微表情，并体会这些表情和动作……老爸的房间，我想很需要有此氛围，并能带动出明亮活力的感觉。"

1_ 从客厅一侧看一楼的开放空间，所有的家具都是从原住处搬过来的。电视后方有过渡的小桌与餐桌，底部是厨房，右侧是父亲的房间，右前方是阶梯。柱子为老屋原有的结构柱。
2_ 从客厅处可以完整看到开窗的方向，左侧（西）与右侧（北）的开窗刻意朝不同方向，是考虑到风的动线。

父子之间

奕叡的爸爸60岁时就失智了，原因是恙虫感染脑部造成病变，目前住疗养院，申请到看护后，就可以接父亲来同住。"父亲是务农的，有一整片的山要种槟榔与果树，很苦。但他从来不让我们小孩帮忙，只要求我们专心念书。"后来，奕叡大学重考两次没考上，父亲要他再考一次，连夜大也要试试看，但当时他觉得读书很烦，私下决定拒考，只能等当兵，也因此和父亲产生冲突，"我把自己反锁在房间，不和父亲讲话，父亲气得从门下面丢纸条进来，上面都写着'不孝子'，等字眼。"

1_ 奕叡位于花莲玉里的老家。奕叡爷爷那一辈，在花莲算是望族，家里面的建筑是 20 世纪 50 年代那时流行的日本和洋混台式住居。

2_ 玉里老家宽敞的客厅、波普风格的地板铺面，奕叡说小时候所有的亲朋好友来就像走自家灶脚，门都是敞开、没锁的。

3_ 老家厨房是让人羡慕的超挑高、又宽又直的大窗。

4_ 爷爷在世时，奕叡的大家族逢年过节总会回花莲玉里聚在一起。奕叡希望自己将来成为长辈时，也可以让晚辈们来宜兰家聚。

5_ 花莲玉里老家经过奕叡重新粉刷之后，洋溢着不凡的空间气质。黄色花窗处的走道，是客厅与厨房之间的过渡，可以让室内感受到风、阳光，甚至雨水的喷溅，让奕叡想要在新家复制这样的过渡空间。

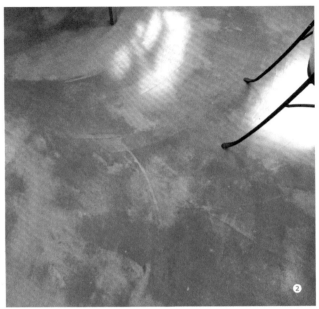

后来他质问父亲，为什么一定得念书，难道不能像他一样去种槟榔、上山工作吗？隔天父亲凌晨4点就把他叫醒，由奕叡开着吉普车，行驶在颠簸的漫漫山路上，两个多小时到目的地，父亲也没多说，就要他照着做。"整片山视线所及，都是我们的工作范围！当时太阳很大、汗水狂流，午睡跟吃便当都在小货车上，然后继续做到傍晚。"就这样过了一星期，除了工作上的指令外，父亲都没说别的话。"我这才发现父亲的工作其实很辛苦！但我得装酷啊！回到家吃完晚餐，明明很累了，但看到父亲还在看报纸，我也故意硬撑着看电视，直到8点回房间，倒头就昏睡了。"

也许是儿子注定得当兵了，也许是儿子表现不错，父亲的态度软化了，"我们的互动方式比较像是男人对男人，而不像是以前爸爸对小孩的那种口气。从小到大，父亲都没和我们说什么话，当兵前这段，是这辈子跟爸爸最贴近的一段时光，很多孩子不见得有这样的经历。"

通过盖房子体验到自己的存在价值

不巧台风来了，把之前老旧工棚直接从山顶吹到山谷下，父亲没花钱请人盖，带着奕叡两人"亲手"盖房子，所有木材都用吉普车从山底一批批运到山上，前后花了一个多月。"这是我首次亲手盖房子，我们敲敲打打，造出颇舒适的起居间、厨房，还有厕所，有了住家的基本功能。"奕叡说，"盖房子的过程，让我体验到活在世上非常之'理直气壮'！房子就是避难所，关乎生命的，而我把它盖出来了。这跟完成了一件艺术创作或者发明了一件造型讨喜的商品，是完全不同的。它让我觉得'自己有用'。"这就是亲手盖房子的魅力吧！

做过农事、盖过房子，当兵就觉得格外轻松。当完兵，分别在花莲、台北工作了一阵子，觉得还是念书好了，奕叡偷偷回老家念书，在恶补苦读下，考取政治大学教育系，才有机会成为宜兰慈心华德福中学的老师。后来曾担任总务及校长，承接校内的建筑工程事务，开始对建筑、空间跟人之间的关系产生兴趣，还把一本厚实的《建筑模式语言》读完，也因此改变他对"公"与"私"的看法。

1_ 为节省预算，室内固定的柜体都是奕叡自行手绘出尺寸，以木芯板为材料，再请木工做出来，然后自己涂上染料。不过奕叡的心得是，在图纸上画的跟实际上做出来的比例，看起来并不太一样。

2_ 地板为自流平水泥粉光再上以特殊水性漆，赤脚踩来十分凉爽。

3_ 父亲房间外面紧邻隔壁民宅，床头上方开横向窗，床头柜旁再开一扇竖向窗，既有足够的采光，又可以保有隐私。

4_ 父亲房间设了两道门，分别通往客厅与浴室。有儿子朋友来访时，若要使用浴室或厨房，就不必经过客厅。

1_ 一楼浴室长 2.9 米，宽 1.9 米，且没有干湿分离的门槛，方便轮椅使用。

2_ 浴室外另有一个大型的洗手台，就位于后门旁边，忙完后院花园工作进来就可以稍作清洗。

3_ 室内每个窗口宽度都足够坐人，日后变换家具即可创造临窗空间。

4_ 浴室排水除了洗手台前方的排水孔外，门口也有一道排水槽，方便轮椅经过。

5_ 从厨房看往客厅。左侧的柜子沿着动线摆放，是奕叡对动线结合生活机能的概念实践。北侧与西侧开了多扇窗户，同时也促进风的流动。

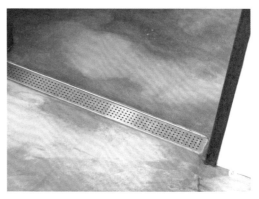

开放就是得到，施就是受

"从产业道路进来之后，都是我的地了，我可以选择以高耸的围墙把四周围起来，或者种几棵大树，欢迎四周邻居来乘凉、聊天。"四周的邻居，都把自己的地用围墙围起来，这一带看起来虽然有广阔的田，但实际上都难以驻足，没有大树、没有绿荫、没有村民互动聊天的空间。奕叡计划选择大树与开放的广场，他目前还没有钱买大树，也还没能在屋前盖个户外平台，但是广场上已经铺上透水性佳的碎石子，可以停车、也可以驻足聊天，或者让小朋友游玩。

"开放，你反而受惠，一来你视野开阔，可以直接看到远方的田，不用跑到二楼。再者，邻居偶尔会跑来聊天，或者帮我把爱乱跑的狗狗带回家，这是与当地邻居混熟的第一步。"

顺着风,与大地一同呼吸

希望晚辈们把这里当作第二个老家

他也在一楼重现了老家的超大洗手台以及延伸的半户外空间，"我们老家的洗手台很大，很多水龙头，早上起床后，沐浴在阳光下，在这个大洗手台上面刷牙洗脸，妈妈也在这里洗衣服。"后院还要架棚架种葡萄，这样就像小时候一样，于葡萄藤下挑菜叶、剥果皮、聊天。"我和太太诗闵在台北的弟妹，周末都会携家带眷来度假，我很希望这样，家族可以凝聚在一起，将来我们成为长辈，晚辈们还是会习惯把这里当成大家族的中心，逢年过节会记得带着自己的小家庭来这里。"

听着奕叡说着自己的故事时，内心一直有着满满的感动，尤其是他与父亲相处的那段珍贵时间，让我很羡慕，自己好像也没帮过老爸什么，或者一同去完成什么伟大的任务。

1_ 绿油油的稻田成为最棒的视觉享受。为了不切割风景画面，刻意将开窗设在左侧1/3处。
2_ 楼梯窗户通常不会关，窗口朝下斜开，可避免雨水喷溅进来，也可以让蓄积的热空气出去。
3_ 龙骨式的阶梯，让梯间的光线较充足。左侧父亲房外墙上开两道小窗，目的是在不打扰父亲的同时能窥得父亲状况。

顺着风，与大地一同呼吸

当然，房子改造的过程，一定也有出差错的地方，例如二楼窗口高过诗闵视线 10 厘米，使她看外面的绿油油稻田时要踮脚尖；还有奕叡自己画的柜子做出来后比例怪怪的……

但奕叡依旧在有限的能力之内，一步一步、尽心尽力去完成这份梦想，也许再过两三年，就可以看到他们大家族，还有三五邻居，在葡萄藤下嗑瓜子、看着小朋友耍宝哈哈大笑了吧！

1_ 二楼浴室墙上的开孔，是老婆的想法，用来丢衣服。外面就是半户外的晒衣间，衣篮放在"扔衣孔"下方，如此一来就不用把脏衣服扛出去。奕叡意外发现，只要打开这个开孔，室内通风就会增强。

2_ 二楼浴室通风好，采光也充足，唯一的缺点是排水口太多，泄水坡度至少做了 3 种不同斜度，反而造成积水，日后可能需要重整。

3_ 二楼也是顶楼，刚走上来会热，但打开门窗后，风很快就进来了。直接让管线外露，增加楼层挑高感。

4_ 跟着自己十年多的空心砖和披头士黑白照，陪伴奕叡度过不同的时空背景。奕叡靠空心砖和小栈板自行组成坚固耐用的书架。

5_ 一楼餐厅、厨房与后院的关系。厨房与餐厅都有大窗，实现了奕叡在阳光下用早餐的想法。

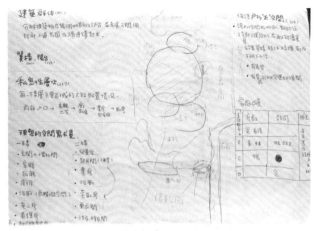

奕叡不只思考房子本身，更从一整块的地基开始分区配置，右侧表格为固定与常来的家庭成员的分析。

奕叡对入口的思考，有不直视屋内、门外有座位、可置物、遮蔽等要求。

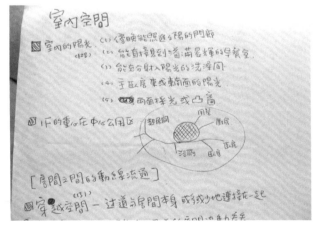

思考室内阳光、动线与各空间定位的串联，奕叡的笔记形式多样，但都切合生活的机能要点。

未来的家：笔记本

这是值得读者参考的方式。一本 B4 大小的空白笔记本，已被奕叡写满。他通过图片、自问自答、表格和充满诗意的散文，自由表达对家的向往，成为建筑师弘桦在帮他设计时的参考书。

奕叡对老屋改造的首要需求：
1. 一楼要有舒适宽阔的考亲房；
2. 夫妻双方弟妹与妹婿常来，要有足够的房间；
3. 不装空调，室内配置要通风；
4. 起床后要在阳光下刷牙；
5. 把大面积都让给公共空间；
6. 要有明亮的晨光厨房。

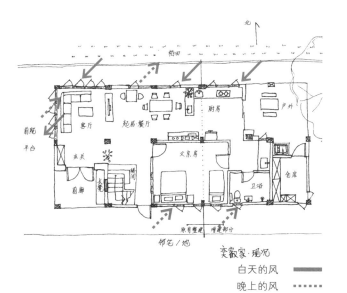

北

稻田

前院
平台

客厅

起居·餐厅

厨房

户外

玄关

长凳

父亲房

卫浴

仓库

前廊

原有整建 增建部分

邻宅 / 地

奕叡家·现况

白天的风 ——————
晚上的风 ┄┄┄┄┄┄

风向与开窗的关系

虽说以台湾的大环境而言，西岸夏天主要吹西南风、冬天吹东北季风。但东岸又不一样了，冬天吹西北风、夏天吹东南风。然而奕叡所位于的柯林村，受到周遭地形影响，东侧是太平洋、西北与南侧是山，一年四季的风向都差不多，从早上到中午左右，海风从东往北移，形成东北风；到了傍晚，山风则从西南侧吹过来。

西向的窗户，从右边打开斜窗，可以让傍晚西南风进来、早上的东北风流出。

北面的斜开窗朝东北，主要是纳入中午以前从东北侧吹来的海风，到了中午风力变弱，于厨房一侧再开两扇。

每个突出的屋檐、二楼露台的边缘，用最省钱的方式做了水切，用硅利康将折成∩形的滴水铝条固定在屋檐，使雨水与污水不会把墙壁弄脏。

每个屋檐下方都设滴水线，使回渗的水珠到滴水线就停止。

窗户凹凸做法加上防水 PU 施作，北面迎风面为了不让雨水透过窗框下缘渗到室内，将窗框镶嵌入厚墙内，完全回避掉任何细缝的可能性。

建筑师弘桦在此做了大胆的尝试，让水往内泄，再从墙角的排水孔往下排，要这么做的前提，是墙角处的防水要做得很彻底。

断水、排水与导水

房屋所在的地基湿气重，同时还要预防台风来时的暴雨，因此不论是地板、墙体，乃至于屋顶，都有防水及导水的设计，减少房子受潮的概率。

防止雨水回渗的窗墙设计剖面示意

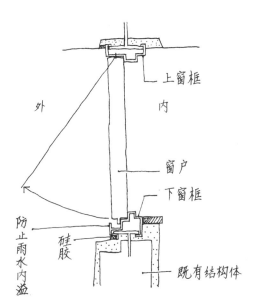

外　内

上窗框

窗户

下窗框

防止雨水内溢

硅胶

既有结构体

项目	单位（元新台币）
拆除工程	150,000
新建及修改土建工程	1,870,000
防水工程	350,000
木作	470,000
铝门窗及外门	550,000
厨房卫浴	230,000
水电	400,000
油漆（含外墙）	380,000
景观工程	370,000
设计费	150,000
水电及结构计算	30,000
总计	**4,950,000**

潮湿、闷热
与空间定义的重整

明日小屋

地基前身是潮湿的水域，尽管20多年了，
盖在上面的房子，不论新旧，仍有潮湿
的问题。日晒产生的闷热、白蚁蛀蚀都
是小屋沉重的困扰，通过改造，林先生
得以保留住年轻时的家族回忆，同时让
小屋的空间更加舒适自然。

❶

1_旧屋与新屋之间的距离很近，两者同样面临地基的潮湿与西晒，各自产生不同的难题。

施工过程图片提供·林先生

OWNER

林先生
曾参与宜兰公共建设逾 20 年，与许多国内外建筑集团及知名建筑师有丰富的经验交流，让他更能体验到老空间对环境及下一代可能的塑造。

HOME DATA

地点：宜兰县礁溪乡
屋型：独栋平房
屋龄：25 年
结构：钢筋混凝土结构、砖造墙体
面积：82.5 平方米
格局：玄关、吧台、起居空间、房间、卫浴、采光平台
改造时间：2009 年 10 月至 2010 年 10 月

这间造型看起来比实际年龄老的房子，其实只有 25 岁，位于宜兰礁溪产业道路后方的巷弄里，屋主林先生从台北返乡回宜兰工作，并与堂弟共同盖了这间 80 多平方米的房子。

照理说，应该依照当时流行的钢筋混凝土盖间透天厝，不过他们兄弟俩却决定要盖传统古厝造型的小屋，耗资一百多万新台币，以早期的轻型钢柱及人字梁为主要梁柱及屋架结构，红砖为下半部的墙、雨淋板为上半部的墙、杉木为桁（檩）。

曾容纳 8 个人生活的温馨小屋

小屋原本的陈设很简单，中段是共享的起居室，左右两边是房间，兄弟俩各一间，两人在差不多的时间陆续结婚、生子。"这间小屋最多曾容纳 8 人，孩子们在同一个屋檐下成长、嬉戏，两家人感情很好。"

1_ 从餐桌角落可以看出小屋主要的格局，左侧玄关格栅为小屋旁鸡舍拆下的桁架再利用。右侧新开的大门，有效增加南北向空气的对流。

2_ 小屋盖在林先生从小嬉戏的水池旁，25 年来整体结构仍保持不错。

❶

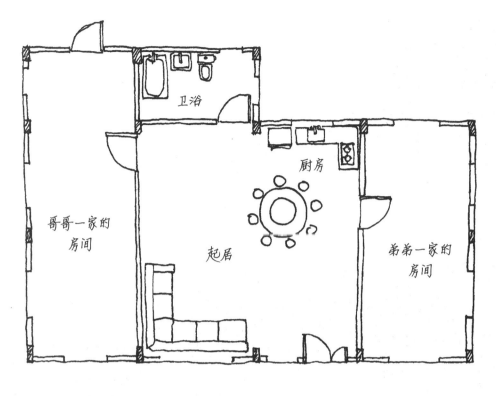

小屋·原况

之后，随着孩子们逐渐长大以及将母亲接来同住，需要更多的空间，林先生在小屋旁盖了间两层楼独栋透天，而堂弟一家人则继续住在小屋内。然而，不论新或旧，两间房子各自都遇到了难题。

西晒、潮湿与闷热有待解决

就新盖的钢筋水泥屋来说，由于地基之前就位于水池河畔，地下水层十分接近地面，湿气很重，即使林先生的新房子刻意挑高离水面一段距离，但也许是湿气透过楼地板渗入的关系，一楼室内地板有时仍十分潮湿，甚至有滑倒的可能。

至于旧的小屋，屋顶开始出现漏水现象，房间地板下方的角料，由于直接接触潮湿的地面，长久下来已有白蚁腐蚀的问题，而20多次台风的造访，也造成西侧雨淋板朽坏。再者，每年6-10月，从白天到傍晚的西晒，让房子十分闷热，热蓄积在天花板处，只要一打开吊扇，热气反而被吹下来，"堂弟媳曾说，每到夏天因狂开空调，电费都要花到上万元新台币。"直到两年前，堂弟一家

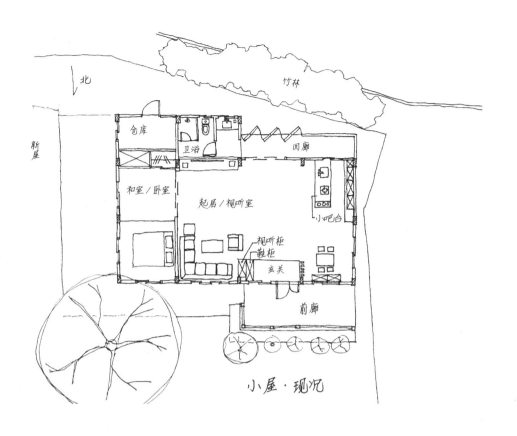

北

竹林

新屋

仓库

卫浴

回廊

和室／卧室

起居／视听室

小吧台

视听柜
鞋柜

玄关

前廊

小屋·现况

人搬离小屋，另觅别处居住。现在，小屋漏水必须解决，但是否也要顺便解决其他问题？

林先生开始思索小屋的定位。"基本上我并不想拆除小屋，我与家人在小屋生活了20年，已有感情，对下一代与整个环境也有传承的意义，但小屋漏水不断，整修是有必要的。长远来看，我希望自己老了之后爬不动楼梯了，就改住到只有一层楼的小屋；近期则是希望这里是一个可以招待友人、聚会社交的据点。"

防潮工法、通风设计、降温改善

林先生找了自己的前同事，也是建筑师的张弘桦，他刚辞去宜兰县政府公务员的职务，于宜兰开业，"算是给年轻人一些尝试的机会吧！"林先生跟弘桦花了将近一年的时间，只要双方都有空，就一起讨论小屋的改造。由于结构主体都还很完整，因此主要是翻修屋顶、拆除室内隔间以及局部外墙等。

1_ 受风面的窗户新增防台板轨道，每面窗有 3 片防台板，防台板的把手可
如卡榫般相互固定，抵御强风。

2_ **before** 屋顶油毛毡破裂，影响到底板，长年下来因漏水而被白蚁蛀蚀严
重。

3_ **before** 小屋室内的天花板原本是封平的，这是刚把天花板拆掉、露出支
撑屋架的人字梁的情形。

4_ 原有的人字梁及杉木均以板材包覆，天花板底板则为可以略微吸音隔热
的木丝水泥板。

5_ 小屋前廊与大门保持原样，重现当时两户人家都爱在这里乘凉聊天、小
孩在此奔跑嬉戏的情景。

1_ 从吧台区看往起居室，左为玄关、换鞋区，此外其他空间地板均抬升，拉离地面湿气。

2_ 客厅位于改造前两个家庭互动的公共空间。

3_ 南面的旋转落地窗，打开可以提供空气水平对流的空间，不过蚊子会飞进来，因此内侧门框另装纱窗。

4_ 从进门玄关看往吧台，挑高斜屋顶的空间及木质感洋溢宽敞闲逸的气氛。

5_ 落地窗是特别设计的造型，并请工厂制作，以中间点为转动轴心。

由于地基真的很潮湿，对湿气感到恐惧的林先生，采纳了侄子的建议——将10厘米厚的冷冻板（建筑用发泡聚乙烯板）放在整平的地表，然后铺一层夹板，最后再铺多层复合地板。"一开始当然很犹豫啊，因为聚乙烯并不是环保的材质。"弘桦说，"但如果只是用木地板，每隔几年被白蚁蛀坏，然后再重铺，这样看来也不会节省资源。如果它可以耐用，又可以重复使用，还可以让屋主从此不用烦忧湿气，也许是一种可行的选项吧。"

此外，因西晒而让室内闷热、造成空调过度负荷的问题也需处理。讨论的结果，同意将南侧的门移位并加大两倍，同时以新设的平台安装旋转落地窗来调整风量与风向，如此一来，不论是早上从东北来的海风，还是晚上从西南来的山风，都可以透过对向开窗而产生流动。"缺点是傍晚的时候蚊子很多，落地窗打开，蚊子就会飞进来，我们后来在加大的门框上安装纱门来防蚊。"

在讨论过程中，林先生一直对没装空调感到不安，但弘桦强力建议尝试自然风降温，从改造完到现在都还算满意，目前唯一需要调整的，是蓄积在屋顶的热，"当时我们遗漏了这点，即使前后有通风，一旦吊扇打开，屋顶的热还是又被吹下来了，温度就没办法降得很快。"林先生与弘桦决定找时间在东西侧墙（山墙）高处开一道气窗，让热气有流出的路径。

"绿建筑是未来必然的趋势，而且不单只是专注在单一住宅，必须扩大到小区、大环境。"林先生说，"通过这次的改造，不但留住我年轻时的空间记忆，也将房子调整为与环境产生联系的居所。"

1_ 即使将旋转落地窗关上，上方仍有纱窗可让热空气流出。

2_ 投影屏幕背后的墙面，采用能吸湿气的材料。

3_ 屏幕下方以长达 2 米的实木作为放置音响的平台，以木材本身的线条来表现简单的自然美。

4_ 小屋里唯一的一间房间，榻榻米地板可以弹性提供人多时过夜使用。

5_ 洗手间跟浴室都有气窗与外界相通，浴室地板贴上陶砖质感的防滑瓷砖。

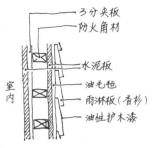

增强防水的雨淋板墙示意剖面图

外墙 雨淋板的内侧，除了油毛毡之外，还有水泥板，共有两层防护。与室内板材之间缓冲的角料也是用防水角料。

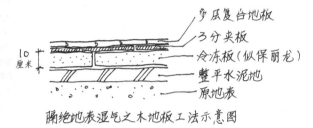

隔绝地表湿气之木地板工法示意图

木地板 地表整平后，先放上10厘米厚建筑用冷冻板，再铺上3分夹板，最上层才铺上复合地板。

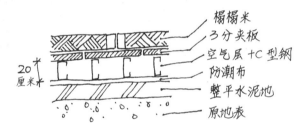

榻榻米地板 先于整平的水泥地铺上一层 PE 防潮布，再立起 C 型钢，创造出 20 厘米的空气层，于其上铺甲板之后再放榻榻米。

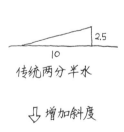

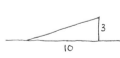

屋顶斜度 为了让屋顶导水的速度加快，不会滞留在坡度上太久太多，建筑师弘桦将传统三合院的两分半水，亦即斜度 2.5：10，调高为 3：10。

小屋所在的地基湿气重，同时还要预防台风来时的暴雨，因此不论是地板、墙体，乃至于屋顶，都有防水及导水的设计，降低房子受潮的概率。

项目	单位（元新台币）
泥作工程（含拆除）	408,000
木作工程	1,000,000
钢构工程	136,000
屋顶换新工程	338,000
水电工程	135,000
卫浴厨具	330,000
油漆	136,800
总计	**2,483,800**

从水墨草图
到古法建筑的实验计划

大雅之梦

这是一个新旧工法、空间思维及实用性
的实验计划。川添与合作伙伴将传统的
穿斗式建筑工法，搭配旧料，以及现代
的设备与建筑材料，在台中市大雅区工
厂林立之地，创造一处出淤泥而不染、
充满闲情逸致的桃花源。

1. 利用传统穿斗式建筑工法建造出来的木屋，结构体及窗户皆为旧料再利用，墙体则是竹编灰泥墙。
2. 木屋旁又盖了一间砖屋，作为厨房与餐厅。
3. 木屋室内中央的曲线榉木为川添的友人在台中港海边拾得，盖好之后量高度，刚好合适！

施工过程图片提供·川添、明仪

DESIGNER

川添
嘉义人，现居台中大里。专长兴趣不限，从书法、水墨画、园艺到盖房子都多方尝试，盖完大雅木屋之后，打算给自己几个月的时间放空，并寻找新的创作灵感。

HOME DATA

地点：台中市大雅区
屋型：独栋平房
屋龄：2 年
结构：旧木料、土、石灰、水泥
面积：室内约 50 平方米
格局：室外玄关、起居室 ×2、阁楼、廊道
改造时间：2009 年 5—10 月

大雅之梦

在这个作品里面，我看到的是如兄弟般有情有义的团队，不分经历或学历，一起脑力激荡，分别贡献自己的创意、美感、耐心及工法，创造出一个团队合作的实体作品。

工业区里面的世外桃源

在台中市大雅区一处工厂林立、到处都是机械运转噪音的近郊，夹在厂区里，有一块约 4600 平方米的私人土地，就像纽约市里面的中央公园，成为工业区里唯一可以呼吸的休憩空间。地基上除了种上许多树苗之外，还有两间小屋坐落其中，与铁皮屋工厂群形成鲜明的对比。

地基上，可以看到两间精巧且具手感的房子，一间活用早期竹管屋工法盖成的复合式材料的木屋、一间砖屋，在背景铁皮工厂的衬托之下，更呈鲜明对比，而这些都是川添与伙伴们同心协力的结晶。

1_ 站在木屋门口往内看。木屋的材料除了木料外，还包含了石、砖、土、石灰及竹片等。

2_ 川添特意开扇大窗，窗户深度 40 厘米，可以坐在窗边，随着晨昏，阳光会从不同角度射进来，只要待在里面，就有聊不完的话题及喝不完的茶。

如同兄弟般的合作团队

故事开始前，先来认识一下这个有情有义、让人印象深刻的团队（虽然工程结束后因各有新工作而各奔东西）。合作的工班成员包括阿庭、阿培及川添的同学何董，他们通晓各类工种，但各自又有特别擅长处，其中阿庭还擅长园艺，养松经验老到。也因为有他们的支持，川添得以顺利设计、整合工程，并担任与地主沟通的窗口。

从写书法到盖穿斗式木屋

有趣的是，这间房子只是川添的第三个作品，也就是说，他与这群伙伴的合作次数其实不多。川添退伍之后这 10 年，先是以写书法为主，后来才开始参与盖屋工程，并因此认识阿培这伙人，没想到一拍即合。工班认为川添虽从事艺术之事，却没有自以为高人一等的傲气，大家平起平坐，沟通也从原本的顺畅演变到后来心有灵犀，互相之间都有一种惺惺相惜的情谊。而为我们中间牵线的读者朋友明仪，和川添两人是高中同学，他从不称川添为建筑师或设计师，总说他是书法家。

从小专注于各种自然材质之美

川添是嘉义人，从小就跟着爸妈到山上采摘植物，"爸妈教会我们认识桂竹、赤竹、麻竹，还有各种野菜植物，竹子砍下来带回去有各种用途，像是桂竹就用来做耙子、麻竹可用来做纸。"川添帮助家人之余，还会仔细观察植物枝叶的姿态、体会生命的奥妙。

虽然没有受过绘画的训练，但只要学校举办绘画比赛，川添总是轻易获奖，"我老爸可能觉得这儿子虽然不太爱念书，但好像有些艺术天分，于是上了高中之后，就让我跟随一位闽南派的老师学习水墨画，即使我们全家后来搬迁到台中，我每个周末仍然得回到嘉义学画。"老师教他画梅兰竹菊，"光是梅花就持续画了一年，它既柔又刚，很难表现。后来老师教我如何打开眼睛、用心去画。"

1_ 川添自己多年来收藏的桧木老窗，很大方地用在这间木屋的所有窗户上。
2_ 天花底板是整间结构中唯一用到钉子的部分。
3_ 艺术家盖房子的好处，就是灯笼纸的图画可以自己创作。
4_ 阁楼高度的墙面上，故意让土墙外露，使得墙面的质感有所变化，也可以调节墙体的湿气。
5_ 外墙考虑到雨水喷溅，运用白水泥调出类似石灰色调，同时顺势发挥了水泥浓稠的特殊质感。
6_ 川添刻意不将旧料的漆刮干净，让旧漆与木头原色相搭配。
7_ 门口非常吸引人的老壁灯，来自己被拆除废弃的办公场所。

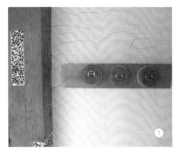

1_ 室内开关是早期开关，底部为瓷制，开关很紧，会发出响亮的咔嚓声。

2_ 柜子底部钉上小西氏石栗的果实作为把手。

3_ 房子里每根梁柱都是旧料，烙印着时间与岁月的痕迹。

4_ 旧木料有受损龟裂的地方，先打细钉、填上补土，再塞入抿石子，质感与木头超搭。

高中之后开始不遵循主流路线

上了高中，川添选择美工科就读，"高中时，别的同学都在泡沫红茶店混，但是我偏好到山上晃，顺便取几桶山泉水，因为用山泉泡茶，特别香甜。我也通过当长辈们的茶童，习得许多泡茶的经验，当然也听了许多大人聊天的内容。"因为就读美工科，他也同时接触各种创作媒材，诸如陶艺、雕塑、木工，奠定了日后实作的基础。

退伍之后，一般人是急着找工作，但是川添好像已经预知自己不适合主流的上班体制，"因为曾经跟着父亲到他的橡胶工厂帮过忙，发现自己没有办法过规律的上下班生活。退伍到现在从没有上过班，因为我很清楚自己不适合。于是就决定躲回嘉义山上，用几乎闭关的方式画画创作。"川添说，"我当然也知道这条路不好走呀！家人也不看好，但心里面再清楚不过，这样的方式是我想要的。"之后他办了几次画展、从事艺术雕刻创作，直到30岁那年去日本京都、奈良，拜访了日本国宝、同时也是京都市立艺术大学副校长上村淳之的家，被他所拥有的亚洲最大私人鸟园给深深震撼了，人工造景与自然环境巧妙结合，无怪乎上村可以细致表达出各种鸟类的优雅神情了。川添开始思考艺术创作是否也可以运用在空间、结构上，于是开始承接园艺造景并从事木构创作。

一张毛笔草图从平面转为立面

之后通过朋友介绍，接手大雅这个地基的土地设计与造屋工程。"地主原本想盖的是竹筒厝，但看到我盖在新社的木屋之后就改变心意了。他十分信任我，就算我只真正参与过建造两间木屋，他也放手让我做。"川添的第一栋建筑是在自家顶楼，自己盖的穿斗式木屋，只花了 27 天就盖好了，他当时应该没料到，大雅这块地基与他结缘了将近两年，工程不停延伸扩大。"当时我用毛笔画了一张草图，地主就这样答应了，接着其他都是在脑海里面构思，通过工程伙伴慢慢实践出来的。"地主除了告知土地将来的使用需求之外，其他都给予完全的发挥空间，川添与施工团队得以按照自己的步骤与想法来执行。木屋完成后，接着进行整体园艺造景，然后地主又决定盖第二间有灶的砖屋，再来是凉亭……

抿石子填补木料缺口

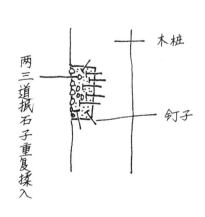

两三道抿石子重复揉入

木桩

钉子

④

1_ 川添随手画了这张草图给屋主，然后在没有任何其他图纸的情况下，就开始动工了。

2_ 运用旧料搭配古早穿斗式建筑工法，同时兼顾防潮与现代需求，撷取了新旧建筑元素的优点。前方是厕所、后方是主栋木屋。

观察地基让人、土地及房子产生关联

不过，进行这些动作之前，必须做的就是先"观察地基"。由于这块地之前是田地，高度比两旁的产业道路来得低，即使是填土，久了还是有可能回渗，因此当下他们就决定，不论是什么形式的房子，最好都要比地基再高至少三阶以上，洗手间的化粪池也比地面高；地基中比较高且隐秘的地方，就规划为房子所在；房子地基所挖出的土壤不运走，直接堆到一旁作为地形、小土丘的造景，省钱又环保。

大雅之梦

大雅之梦

1_ 通过园艺设计，使景观与建筑体产生关联。

2_ 地基四周包围着工厂，犹如工业区里面的唯一净土。

3_ 施工过程，在吊车上鸟瞰地基上主栋与小栋（洗手间）及其走道平台的兴建。

4_ 木屋本身的结构体及窗户皆为旧料再利用，墙体则是竹编灰泥墙。

5_ 对面工厂的小黄与小黑两只狗很喜欢来这里纳凉，主人怎么呼喊都不想回家。

1_ 为了不伤到地基上货柜旁的樟树、也不阻挡其枝叶生长，从而顺着树形搭起阶梯，让枝干穿梭其间，人们可以拾级而上。

2_ 窗台深度 40 厘米，可以倚坐在窗边喝茶赏景。

因为是旧料的缘故，每根梁柱尺寸都不同

虽说是木屋，但其实是复合式材质，包含了石、砖、土、石灰及竹片等，"盖在台湾的木屋应该结合多种自然材质，每个材质的膨胀系数、吸湿吸热程度不同，这样才能适应多变的气候。"而木屋的结构体，全都是用老屋拆下的木梁柱重新组成，"每一根尺寸都不一样，甚至有的不是完全垂直的，因此必须在仿真组装时，就把每根梁柱标上号码，才不会乱掉。"因此你在木屋里面无法找到规则性，没有固定的间距，看似随性却都是有备而来。

顺着树形筑阶梯

地基内另一精彩之作，是以一株位于货柜旁的樟树为主角，以不伤到枝干、也不阻挡枝叶成长为前提，顺着树形让阶梯与枝干穿梭其间，人们可以拾级而上直达货柜上的平台，在高处欣赏樟树的枝叶与地基全景，"哇！好美喔！"走在阶梯上，许多人都会发出这样的赞叹，川添说，那棵樟

树铁定是听到了，"他变得很兴奋喔！"绽放出前所未见的银白色绒毛包覆的美丽花苞，优雅散射出夕阳的光芒。

川添对各种木头都很了解，不只是材质与特性，香气与触感也颇有研究。接下来，川添可能会先暂时把木屋放一旁，再玩玩别的题材，"第一个10年，我宅在家里写书法；第二个10年，我浸淫在工程领域做创作；第三个10年，也许要结合这两者吧！"他想利用不同种类的木头去创作与生活有关的用品，位于大里的工作室会是他创作的主要基地，就让我们一起拭目以待吧！

1_木屋盖完之后，川添在同一块地基上盖了一间砖屋，作为厨房与餐厅使用，也别具匠心。窗户为川添设计，可折叠移动到左右两侧，上下都装有轨道。

2_用砖砌出圆窗很困难，但为了框景效果，大家还是做出来了。

大雅之梦

❶ 在横梁之间，约每 30 厘米立 1 根 3 分钢筋

❷ 有管线及插头部分的墙面，也要在竹编的同时就预埋进去。

竹编土墙工法

川添所设计的竹编土墙，因应地基气候状况及现今有的建筑材料，竹编土墙的内侧，涂上自行养护的石灰；外侧会受风吹雨打，于是先涂上一层弹性水泥，再涂上白水泥。

竹编土墙示意图

❸ 将削成 1/4 片的桂竹交错编织在每根钢筋之间。

❹ 土壤、木屑及干草充分搅拌。

❺ 何董将调好的黏土均匀涂抹在竹编表面，比例只能凭感觉，不能太稀，每次使用土的比例也不同。

❻ 涂抹均匀之后静待使其自然风干。

❼ 两天之后墙体风干，并产生自然龟裂。

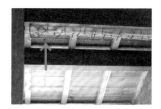

随时间产生裂痕美感的曲线土墙。

主栋木屋的高差之间，除了自然型的榉木之外，还有一个曲线型的土墙，川添任其随时间龟裂产生裂痕的美感，但并不担心它会崩解，因为它有十分坚固的骨架藏在其中。

❶ 土墙与木框之间，用铁钉不固定方向的钉在木框上，再绑上麻绳，增加土壤附着的接口。

❷ 钻孔让3分钢筋塑形当骨架，并固定在木框上。

❹ 再用草绳缠绕竹片与钢筋交错的骨架。

❸ 将竹片穿插在钢筋之间，增加土壤可以附着的密度。

❺ 最后再用黏土填满骨架即成。

位于货柜后方的樟树，当人们拾级而上时，会同时欣赏樟树的美，让它开出前所未有、美丽的樟树花苞。

货柜旁，顺着樟树做阶梯

一开始，货柜是摆在地基的门口旁，但实在有碍观瞻，于是派吊车来移位置，改到地基最里面，刚好位于樟树前方，再用木料包覆货柜周围，上方再做一个平台。

那么，如何登上平台呢？川添看着樟树，思考在如何不伤到它的状况下做出观景台阶，想了几个星期，决定利用回收的老电线杆当作辅助，阶梯再绕着树干，当人拾级而上时，还会跨过一段树干的小分岔，十分有趣！

顺着樟树盖的阶梯，并没有想象中容易，东绕西转才不会伤到它。

包覆木料的货柜屋正面，在平台上可以俯视整块地基。

阶梯与阶梯之间，跨过樟树的分枝。

木屋下方地基的榫接结构。

❷ 到施工现场时，颠倒回正架在水泥基柱上，使矮柱悬空。

❸ 将石块垫在每根适当高度的矮柱下方，再于土地上铺上碎石即成。

❶ 先在工作室仿真，将架设在地板的那一面先颠倒，以便知道每根矮柱的高差。

❹ 垫好石块的榫接地基。

榫接的地基结构工法

为了降低地表湿气的接触，房子离地抬升约三阶（60 厘米左右）的高度，然而川添在建构地基结构时并不马虎，也是坚持使用卡榫的方式。每根旧料的形式尺寸并不完全统一，所以每根矮柱与地面之间都有落差，需先颠倒过来测量。

**重整空气动线
享受自在的气息**

告别湿热闷臭

借由开窗、换窗、局部拆除隔间墙的方式，重新整理动线后，空气对流顺畅了，人的动线也舒服了。成功改善困扰屋主5年多的潮湿、闷热与阴暗；充足的通风，也让屋主不用再忍受空调所带来的不适。

①

1_ 借着这次住家改造，云卿将自己喜爱的风格与色系加入，并利用木作增加收纳空间。
2_ 云卿与国铭的家，是双拼透天的右边栋，单栋面宽仅4.3米，坐西南朝东北，邻地是菜园。

施工过程图片提供·纪瑞棋

②

OWNER

云卿

家庭成员：5人（夫妇、双亲、小孩）

法律扶助基金会执行秘书，也是辩护律师。 积极安排受虐者的个别辅导、学习与就业课程，影像工作者郭笑芸通过她的帮忙，前后拍出了《最遥远的爱》、《与爱无关》及《目睹暴力》等家暴相关的纪录片。《与爱无关》是2010年女性影展开幕片，云卿认为，"家暴是藏在家里面的罪行，最容易被隐藏，受虐者与施暴者都不会张扬，我必须抽丝剥茧地去发现真相，与社工一起帮助这些家庭，对我而言是很有成就感的事。"

email: hualien@laf.org.tw

HOME DATA

地点：花莲县吉安乡

屋型：双拼透天

屋龄：15年

结构：加强砖造

面积：占地面积116平方米、室内使用面积共287平方米

格局：一楼：前院车库、玄关、起居空间（客厅、休憩间）、卫浴、厨房、餐厅；二楼：主卧、卫浴、小孩房、阳台；三楼和室客房、卫浴、闲置房间、阳台

改造时间：2010年12月至2011年3月

一般人总觉得律师的收入高，住的房子要么是豪宅、要不然就是气派透天，有什么特别之处吗？

我刚开始听说云卿的职业是律师时，其实有点兴趣缺缺，但帮她家改造的设计师纪瑞棋补充说，"她是穷律师，专门帮受虐妇女打官司！"好奇心就来了，虽然位于花莲，还是想去看看，一来是好奇他们家的严重湿气如何解决，再来是想了解她在工作上的坚持。

云卿的名片上写着："没钱也能找正义，实现诉讼平等权。"她是法律扶助基金会花莲分会的执行秘书、也是辩护律师，帮助不少受到家暴或性侵的妇幼脱离苦海。

"2004 年 7 月之前，我都在帮有钱人打官司，诉讼标的金额很高，输赢多半是一堆具体的数字。"云卿说，"2004 年之后到法律扶助基金会工作，帮助的对象都是弱势中的弱势，他们可能是精神疾病患者、被遗弃的老人与儿童、遭受婚姻暴力的妇女、性侵害的被害人、被违法解雇或领不到工资的劳工等，每打赢一场官司，不再是虚拟的数字，而是帮助他们获得重生的机会，重拾自由与信心。"

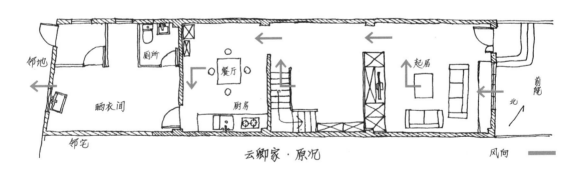

云卿家·原况

before ❶

before ❷

before ❸

告别湿热闷臭

1_ before 客厅电视柜已拆除一半，后方楼梯的墙面也将敲除。

2_ before 餐厅（原本是晒衣间）是增建的铁皮屋，原本后门在右侧，两片窗户都很小，热气与湿气都闷在这里。

3_ before 原厕所需走到闷热的铁皮屋里面才有办法使用。

4_ 客厅本来没有装潢，云卿趁这次改造，将自己喜爱的风格与色系加入。

集湿、闷、热、臭于一屋

云卿家就在花莲吉安火车站附近的镇上，是一栋双拼透天的右侧边间。这栋双拼透天是云卿老公国铭的长辈合资所盖，左边住家也是亲戚。

房子完工于1996年，夫妻俩到了2003年才搬过来住。"搬进来之后，家里陆陆续续出现问题，尤其是一楼，一进来就很潮湿，但我们的房子都已经抬高三级台阶了。家里面总是很暗，大白天也得开灯，遇到夏天又很热，不得不开冷气。"回想改造前的状况，云卿皱眉说，"偏偏我们都是乡下孩子，体质对冷气排斥，又酸又痒、全身不舒服！但不吹又热得难受。"

告别湿热闷臭

1_ 设计师纪瑞棋将一、二楼楼梯旁的砖墙隔间都改成格栅，增加每个隔间风的流动效率，也可以让紧邻的卫浴空间更加通风。

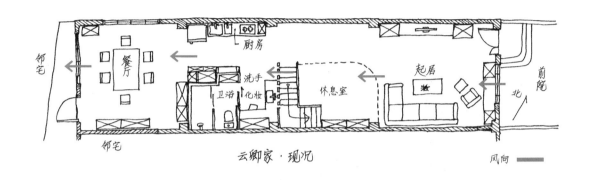

国铭则说，盖房子时的粪管应该没有处理好，每次回家就会闻到异味，开了窗户、电扇还是弥漫着味道，真的很不舒服。

夫妻俩因工作忙碌，就这样委屈将就了多年，直到忍无可忍。终于在前年，云卿请了几位设计师来谈，始终找不到谈得来的。机缘巧合下翻阅阿羚之前出版的《改造老房子》一书，发现其中一位屋主纪瑞棋本身就是设计师，在书中，他坚持找台湾大学城乡所刘可强老师帮母亲重新规划老家格局，以自然、无空调的观点来设计，并全程自行监工，让云卿印象深刻。

"我欣赏他坚持绿房子的观念，他偏好用设计去解决难题，而非靠空调与除湿机。另外，纪先生是台中龙井人，我来自台中清水，有种地缘关系的亲切感，于是就姑且一试。"

1_ 原本过大的晒衣间改成餐厅，铁皮屋顶下
   方加装硅酸钙板当天花板，两面窗户均开
   到最大，增加采光。
2_ 拉绳可调整百叶窗打开的角度。
3_ 天窗上方有钢化玻璃。

规划风的动线，帮助带走湿气

纪瑞棋头一次接到花莲的来电，到现场勘察后，觉得房子状况颇有挑战性、夫妻俩也很友善，没多想交通与工程调度问题，就直接答应了。"他们原本的格局完全把空气的动线给阻断了。其实风的动线顺畅，人的动线也会顺。"纪瑞棋说，"从大门到最底的后门，长达 18 米、宽度却才 4.3 米，在这个长形空间内，共有 3 道墙横向阻挡风的流动，高大的电视柜及楼梯旁都有一道隔间砖墙，厨房料理台紧贴墙面、与动线平行以节省空间。餐厅与晒衣间之间又有一道隔间砖墙。"进出空气前后共 3 面窗，却都只有 1.5 米左右，加上化粪池没有装通气管，冲水时，化粪池的味道就会倒流进入室内，所以才会集湿热闷臭于一室。

之前房子并没有装潢，电视柜是活动家具，很容易搬走。云卿依个人喜好与需求，趁此次改造顺便装潢，还将加盖的晒衣间改成餐厅，右侧增加一整面的窗户，与原建筑间的隔间墙也拆掉了。

告别湿热闷臭

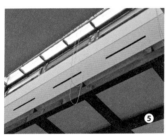

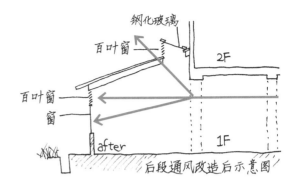

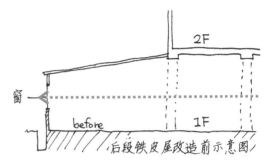

4_ 透气天窗介于加盖的铁皮屋顶与左侧原建筑体之间。

5_ 3 面百叶窗均可依需求调整角度，下方的 3 条细缝是天花板与屋顶之间的热空气出口，并从百叶窗流出。

此外，在靠近铁皮斜屋顶与水泥建筑的交接处，开设一道横向天井，顶部使用钢化玻璃天窗，侧面使用百叶窗，借由横杆可以调整百叶的角度、决定风口的大小。天窗让厨房餐厅一带积累在高处的热气与湿气有了散逸的出口，带动内部空气流通，也让阴暗的室内中段有了采光口。

原本希望工程在过年前搞定，但由云卿亲友介绍来的施工队，一直无法配合纪瑞棋的施工要求，在拆掉两次之后，只好请台北长期与设计师配合的施工队，暂停台北的其他工程，在花莲密集施工两周才得以收尾。

空调拆掉，改用换气扇

空调拆掉了，同时将原本的空调孔填小，改装换气扇。本来安装固定玻璃的窗框，一律改成百叶窗。云卿说，"前阵子最热的时候大概是 34℃ 吧，是会热啦，但打开电扇之后就舒服了。平常

28~29℃的时候，靠空气对流就很舒服，甚至忘记开电扇了。"

虽然时间上有延误，云卿与国铭最终觉得这样是值得的。几个月前，没打算生小孩的夫妻俩，因缘收养了自己弟弟的小孩，已经完成收养程序。正好房子改造完成，小婴儿不但有了对他呵护备至的新父母，还可以在通风、舒适有采光的健康环境长大，看着云卿与国铭不停逗着小男婴，脸上洋溢着幸福与满足的微笑，白天所有工作的辛劳都抛到脑后，可以看到一个幸福的小家庭，正一步步迈向美好的未来。

1_ 餐厅、厨房与洗手台空间的地板，都使用可以调整微量湿气的陶砖。

2_ 厨房成为动线走道的一部分，节省空间又行动方便，若冰箱可以改放在洗手槽右方，动线会更顺畅。

3_ 二楼卧室前方的阳台外推成室内，作为云卿回家上网工作的小空间。

4_ 不论是客厅或卧室，上面的大窗与下方的小百叶窗，大幅增加了空气进出的可能性。尤其风雨交加时，下方的百叶窗可以调整角度，预防雨水喷溅进来。窗下的鞋柜是请木工定做的，上方的凹槽可当把手同时让鞋柜通风。

5_ 家中所有空调出风口现在全都改装百叶窗。

百叶窗可以上下或垂直使用，直接跟铝门窗厂商定做即可，每扇窗旁均有旋钮可以控制开启的程度。

门上方的固定窗也改成百叶窗。

朝东北向的客厅与主卧，都将原本的空调孔改装上换气扇，可以把外面比较凉爽的空气抽进来。

固定窗皆改为
可调整的呼吸窗

原本封着玻璃的窗户，包含冷气口，有的改成百叶窗、有的改成换气扇，平时并不一定要全开，但需要对流时，可依照环境的空气流向，来决定长形房子两端的开窗大小。

项目	单位（元新台币）
拆除工程	90,000
木作工程	767,300
泥作工程	150,000
复古砖	47,500
天窗整修工程	36,000
门窗工程	272,600
卫浴设备及全室水电管路更新	300,000
油漆	80,000
设计及监造费	165,000
窗帘	60,000
厨具	98,000
灯具	80,000
家具	250,000
总计	**2,396,400**

创造"人生七八九十"的
住家可变性与舒适性

优雅的老后生活

每个人都从踏入成年开始独立生活，随
着时日步入中老年慢慢地需要被人照顾。
而年长者在还可以独立照顾自己时，住
家设计就应该要具备安全性，减少不必
要的危险发生，同时预留将来从 70 岁迈
向 80、90 岁，甚至 100 岁时，可能会需
要的护理设施。

1_ 原本的阴暗前院改成车库使用，并利用车库上方空间，规划成不受干扰又有采光的露天平台，加强室内外的联系，享受户外的生活。

本篇图片提供·聂志高

OWNER

屋主：石川夫妇（昵称）
成员：二人
70多岁，从嘉义乡下搬来斗六市区，目前适应状况良好，喜好爬山、散步、轻食、喝茶，过着平静优雅的退休生活。

HOME DATA

地点：云林县斗六市
屋型：连栋透天
屋龄：40年
结构：加强砖造
面积：占地面积63平方米、室内使用面积162平方米
格局：一楼：车库、楼梯间、储藏室、厕所、中庭、起居室（榻榻米、厨房、大桌）、后天井；二楼：户外露台、洗衣间（兼早餐室）、卫浴、卧室、更衣间；三楼：小起居室、卫浴、卧室、更衣间；阁楼：看护卧床
改造时间：2010年2—8月

①

如果能够在 50 岁之前，就开始适应年老时的居住空间，其实是最好的。因为当身体逐渐衰弱时，在熟悉的住家里面，所有的动作早已演练上百次，哪里有开关、哪里有阶梯、哪里有转弯，都已经成为反射动作。

在台湾受限于许多条件，大部分人老了、需要照护时，得离开自己生活了半世纪的家以及邻居朋友，搬到子女家住，有的则是每隔几个月轮流到不同子女家住。七八十岁才要开始适应新环境，不论是在尊严、生理或心理上，都需要调适。

有些人把孝亲房（父母的卧室）设在潮湿、会出现蛞蝓的地下室；有的老夫妻之前有分房睡的习惯，但子女只能提供一间卧室；有的临时隔出一间房就位于一楼车库旁，阴暗不通风，还吸收汽车废气；有的承接子女用过的过软过高的床垫，结果下床时因边缘过滑不慎摔下骨折。

如果子女提供的新环境不够贴心，老人家即使是在需要被照护的状况下，还是宁可坚持回老家，这样只会增加发生危险的概率。

二楼大露台是夫妻俩早上吃早餐、享受晨光，或者下午茶的私密空间。人多的时候，栏杆旁也固定了座椅高度的板材。两侧围墙仅视线高度，不会有压迫感。

优雅的老后生活

70 多岁的石川夫妇，他们却很喜欢自己的新家——位于斗六市的连栋老透天改造而成。完工后，石川觉得这间房子是"二百分"！让原本担心爸妈不来住的儿子松了一口气。

如何让老人家适应新环境？甚至让他们喜欢待在新环境更甚老家？借由斗六市石川家的改造过程，也许可以从中得到一些想法及灵感。

不喜欢被说老，被质疑自己的独立能力

石川夫妇原本住在嘉义乡下，儿子担心两老独自居住的安全性，虽然父母不太情愿搬离老家，但经过一番游说，终于让父母尝试到斗六市区住。

儿子了解独立的父母想要有自己的空间，于是在自宅附近再买一间老透天来进行改造。透天占地面积不大，宽 3.9 米、长 16.5 米，单层楼的面积约 63 平方米，扣掉楼梯间后约 56 平方米。

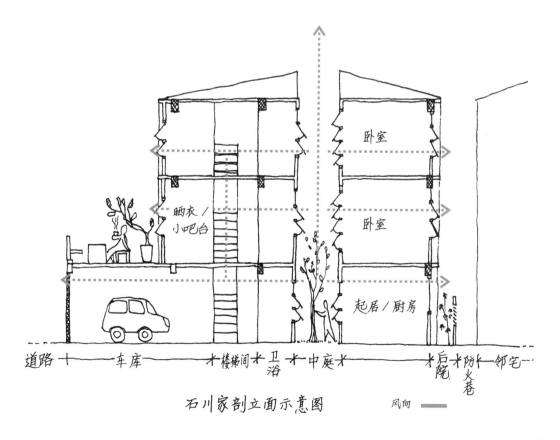

石川家剖立面示意图　　风向 ▬

跟年长者讨论需求，是一门沟通的艺术（或者说是斗智）。石川夫妇虽年过七旬，但行走自如，也还能自行开车，上下楼梯都不成问题。他们很忌讳"轮椅"、"扶手"、"一楼孝亲房"等字眼，当儿子说要在一楼规划卧室，两老极力反对，认为自己老当益壮，卧室应该规划在二楼，儿子不应该质疑他们的健康。

"这不是孝亲床唷！"

建筑师聂志高于是转了个弯，他在餐桌旁设计了榻榻米平台，餐桌台面可以拉长一倍到榻榻米上，成了喝茶的小和室空间，供石川夫妻招待访客用。如果想在一楼小憩，定制的榻榻米可以容纳两个成人躺着，榻榻米旁的柜子里，还有音响与旋转收纳电视。

1_ 一楼车库地面，使用观音山石板、表面处理成"荔枝面"，平整中带粗糙质感，表面做过泼水剂处理，即使沾到水，长辈也不易滑倒。左侧水龙头提供洗车用，地面已做好泄水坡度。图中可见夜间车库与走道照明状况。
2_ before 拆除改建原本一楼前方阴暗的前院。
3_ after 前院改建成车库，屋顶上方空间则规划成露天平台。

before ②

after ③

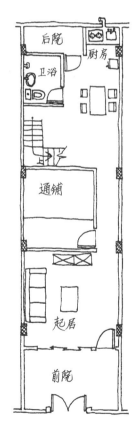

石川家·原况（1楼）

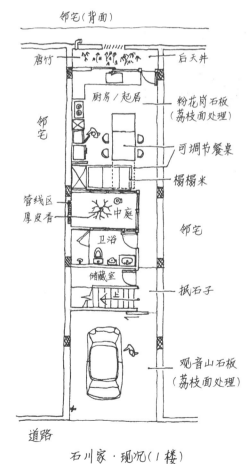

后院
厨房
卫浴
通铺
起居
前院

邻宅（背面）
唐竹
后天井
厨房/起居
粉花岗石板（荔枝面处理）
可调节餐桌
邻宅
榻榻米
管线区
厚皮香
中庭
邻宅
卫浴
储藏室
抿石子
观音山石板（荔枝面处理）
道路

石川家·现况（1楼）

如此一来，不必明说，榻榻米就同时兼具坐、卧、休闲、待客等多重功能，不但省空间，也让长辈容易接受。同时，一楼动线整体的宽度，皆大于 80 厘米，回转半径也至少有 150 厘米，方便日后若有需要用到辅具时，格局配置不会成为障碍。

两间卧室均有安全考虑的卫浴

就如同许多年长夫妻，石川夫妇也有分房睡的习惯。二楼卧室是太太的、三楼卧室是先生的。翻修前，老透天的二楼厕所很小，只容得下一个马桶，三楼甚至没有卫浴。

一般人半夜起床上厕所，都已经迷迷糊糊，更何况老人家；若还要上下楼梯，更容易发生危险。于是趁老屋管线重整之际，将卫浴改设于卧室旁、中段天井一侧，方便使用。

1_ 一楼后段的起居空间，是夫妻俩在家的主要活动空间，结合茶室、休憩、用餐、厨房等功能。厨房的炉面比平常降低10厘米，方便石川太太操作。夫妻俩口味清淡，以电陶炉取代传统煤气炉，还可以避免忘记关炉火的危险。

2_ 榻榻米和长桌之间产生的茶室功能，让石川不再觉得它是张儿子过度关心的孝亲床。榻榻米下方收纳枕头与棉被。

3_ 卫浴墙壁装设不锈钢长杆，高度及腰、粗细适合手握，可以挂毛巾、浴巾，放卷筒卫生纸，但当成扶手也无妨。地板是赤脚踩也可以止滑的烧面地板，增加洗澡时的安全性。

4_ 浴室也装设了紧急呼叫设备，呼叫铃就设在洗手台旁边。

"这不是扶手喔！"

卫浴的设计是另外一门学问，充满湿气、水气的浴室，万一没站稳，需要扶手怎么办？石川当然不希望看到浴室里面有扶手，这样好像在质疑自己的能力，但儿子还是会担心。

建筑师聂志高设计了一根不锈钢长杆，高度及腰，适合手握的粗细，石川可以用来挂毛巾、浴巾，放卷筒卫生纸，但若把它当成扶手也无妨，成功地模糊了扶手的定位。浴室内的地板采用比荔枝面来得细致，即使赤脚踩也可以止滑的烧面地板，增加洗澡时的安全性。

二楼另设小厨房兼洗晒衣间

主要的厨房设在一楼，不过二楼的洗衣间仍有咖啡机、饮水机等配备。"早上，想要在二楼户外平台喝杯咖啡或只是单纯地烤面包等，就不一定要到楼下准备。"聂志高说，"半夜口渴，也可以直接在这里倒水喝。"

洗衣机则附设在餐柜左侧，预埋好了管线，衣服洗好之后，直接在同一个空间晾衣服，石川夫妇不用为了晾晒搬着衣服上下楼梯；可以垂直上下拉动的吊衣杆，不会占用到地面空间。

预先做好紧急呼叫系统

目前石川夫妇没有请看护，但仍先安装上紧急呼叫设备，装设在浴室、卧室及一楼榻榻米处。卧室的呼叫铃就设在床头旁、躺在床上就可以触摸到的地方，24小时都会发出红色警示微光；浴室的呼叫铃则设在洗手台旁边。按下按钮后，看护卧房与各楼层的警示笛会鸣响，达到实时照护的目的，将来若有需要也可以搭配网络传送讯息至亲属端。

大量的收纳与摆设空间

一般的孝亲房，只有一张床、一两个柜子，看起来就像是旅馆或宿舍。"石川儿子希望父母亲在这里长住、把这儿当家，如果可以，就把老家的东西，不论是实质的或者意义上的生活纪念品、摆设，都带过来。"石川夫妇有许多生活纪念品，以及许多其实不会再穿但也舍不得丢弃的衣物。若以现在流行的"断舍离"对他们说教，老人家不会接受的，若未经同意就把衣物丢掉，也会惹得老人家不高兴。

因此聂志高设计了许多柜子在二楼卧室、更衣室、三楼小起居室等空间里。石川太太闲暇时可以慢慢整理杂物（有时老人家没事，会把小东西移来移去，重复整理打发时间），打开柜子看到陪伴自己年轻岁月的衣物，倍觉安心。

1_ 三楼前段小起居室，主要提供更多柜体，满足石川夫妇庞大的收纳量，方便将老家东西搬来这里放。

2_ 除了三楼小起居室外，卧房与床头后方的更衣室，同样提供大量收纳空间，供石川夫妇存放衣物。

3_ 卧室与中天井之间的窗户，总共有8扇，可以自行调节空气流通的程度，通常都开中间两道。睡觉时若不希望光线照射，也可降下遮光窗帘。

4_ 二楼前段洗晒衣间里的小吧台，有洗手台、烤箱、音响及咖啡机，下方柜内有小冰箱，最左侧预留洗衣机空间。传统习惯都不太注重晒衣间的质量与舒适度，但石川太太的晒衣空间通风、明亮，还有音乐可听、植栽可赏。

5_ 二楼小吧台前的晒衣空间，天花板上安装升降式晒衣架，方便晾晒。

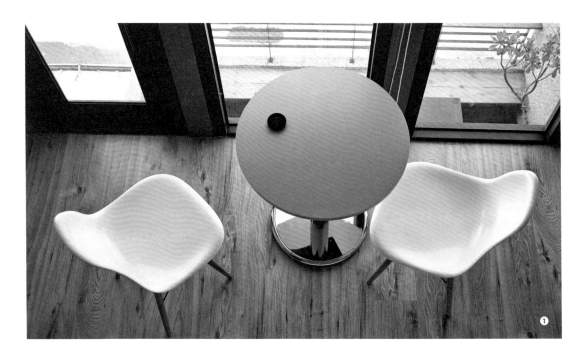

1_ 三楼前段的小起居室，闲坐于此，可俯瞰二楼大露台。
2_ 贯穿整栋楼层的中段天井设计成日式小庭院，种上厚皮香等耐阴植物，为室内带来阳光与自然的气氛。

换楼梯、整合全室管线、增天井、通风采光

最重要的是，房子看起来要很清爽、通风采光，住得舒适才能住得长久，也不会老想着老家。聂志高拆掉原本设于后段占据空间的 L 形楼梯，移至中段改成折梯，并于中段、后段加开天井。三个楼层的管线全部拉到中段天井集中处理，方便日后维修，减少在室内敲敲打打的概率。

卧室、浴室紧临天井，窗户设计成往下开启的斜窗，让浴室与卧室可以保持通风状态，雨水不至于淋进来，也可以减少卧室开空调的频率。天气晴朗的时候，天井带进阳光，即使是一楼内侧的起居间也不需要开灯。

完工后，石川夫妇来看，觉得很喜欢，尤其是两处天井里，各有迷你的小日式庭院、竹林，对于榻榻米茶室也很满意，邀请朋友来家中喝茶一定很有气氛，现在两老兴高采烈地整理要搬到新家的物品，迫不及待想要开始新居的生活了！

光源 在一、二层楼梯间转折处的第一阶，于隔墙上开孔，以光线预告第一个落差。

扶手 年长者常使用的楼梯，两侧必须都有扶手。卫浴也需设有扶手，方便需要时搀扶。

使用小便斗 自动冲洗坐便器、温风干燥机，可以提升如厕时的舒适度、安全性及清扫的便利性。

止滑 从车库、梯下仓库、浴室到起居空间，虽然都是用不同的材料铺设地面，包括板岩、抿石子、观音山石板、花岗岩，但都处理成止滑表面。

体贴年长者的设计小细节

年长者的视力逐渐衰退、有时不甚稳定，光线太暗、地面太滑、手没有地方抓稳，都很容易造成危险，年长者的住所设计，不应该以美观为前提，最优先考虑的是安全。以下为设计师聂志高老师针对石川家住宅的设计小细节，每间老房子的格局虽不同，但仍可以参考其设计理念。

榉木集成桌面，不上漆只推油的方式保持了自然质感。

原尺寸桌面下方还藏一片面板，人多的时候可以拉长使用。

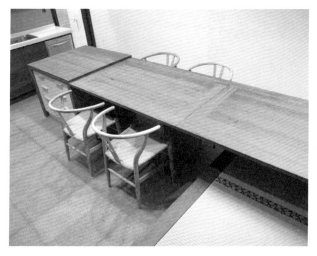

桌面拉长后可以直接固定在榻榻米一侧的墙上横杆。

可以容纳6～8人用餐的大桌，逢年过节家庭聚会或招待友人均宜。

可调整长度的多用途大桌

利用桌子可以拉长的设计，让榻榻米有了多种功能，聂志高请台湾云林科技大学的木工选手制作这张大桌子，不上漆只推油，让整个起居室洋溢着木香。

前段落地大窗　二楼洗衣间、三楼小起居室，位于建筑物的正面，因为朝北向，不会有西晒的困扰，因此整面都开窗。两侧均开气窗，打开之后与中段天井对流，使晒衣间的空气可以流通。

中段天井　以日式主题营造的中段天井，长宽仅 218cm、159cm，为整间房子带来的采光、通风与自然的舒适感，早已远超过它的空间。整合整栋建筑的管线，都直接藏在厚皮香树背后的抿石子墙里，室内不容易听到水管造成的噪音。

天井开窗　开窗方式是往下斜开，风可以自由进出，但雨水打不进来。上方可以拉下折叠纱窗防蚊虫侵入。

后段天井　后院本来就存在，只是前屋主将天井上方二楼整个以楼板封住，使一楼的小后院成了堆积杂物的阴暗角落。设计师将楼板拆除后成了后天井，长宽分别为 395cm、72cm，属狭长形，种上唐竹，人透过窗户可以看到竹影摇曳。右侧与后方防火巷相接，以百叶窗阻隔外人视线。

项目	单位（元新台币）
拆除工程 *	160,000
水电全室换新重整、卫浴管线重配	280,000
防水处理 **	200,000
泥作 ***	420,000
铝门窗	560,000
瓷砖	80,00
铁工及电卷门	300,000
园艺景观	30,000
木作	900,000
油漆	150,000
家具及电器设备	600,000
其他	100,000
总计	**3,780,000**

改造预算表

* 含拆除三房隔间墙、卫浴厨房。
** 含外墙、卫浴、露台、地板。
*** 含隔间墙、石材地板、外墙洗石子。

透天木作，
装潢自己来

大茉莉前传

前后花了 5 个月，泥作与铁工交给工班、木作及水电靠自己的状况下，约翰与连春完成了四层楼老透天边间的改造，室内的木作与柜体不但是约翰手艺及美感的表现，也省下一笔可观的装潢费用。

①

1_ 三楼露台上，是约翰自行编织而成的竹编墙面，并让藤蔓自由攀爬，右侧则是他以细竹子削出如书法的翘尾和运笔拼成的几个字："海天月星我你"，让人感受到他们既是夫妻也是知己的惺惺相惜。

2_ 原边间外墙在长年风吹日晒下，造成室内渗水严重，屋主用仅可选择的两种颜色的防水漆"白"与"绿"，在有限的条件下做最大的变化。

3_ 从三楼的餐厅往练鼓区方向看去。

OWNER

罗约翰（John）& 吴连春（Shelly）
一对行动派热血夫妻，即使约翰已经 60 岁了，却仍充满活力，每天总有忙不完的事；而连春则是屏东里港的观光推动者，她串起里港的生态、生机饮食及农业的观光。

HOME DATA

地点：屏东县里港乡
屋型：连栋透天
屋龄：18 年
结构：加强砖造
建坪：四层楼共 515 平方米
格局：三楼：起居室（练鼓区）、餐厅、厨房、大露台、瑜伽室、浴室；四楼：主卧、客房、书房、浴室、阳台
装修费用：约 45 万元新台币（三、四楼水泥墙雇请工人拆除，二楼木隔间自己拆，其余都是自行 DIY 的材料费）
改造时间：2004 年 2—7 月

在前作《盖自然的家屋》这本书里，拜访了屏东郊区的大茉莉农庄，约翰所盖的纸砖屋，着实让大家惊艳，他甚至进一步研发纸砖，将饮料瓶回收置于纸砖之中，增加纸砖的坚固性及隔热保温效果。

然而，不只是纸砖屋充满惊喜，约翰与妻子连春位于屏东里港的家，在一次偶然拜访之后，才知道有九成都是由他们夫妇俩DIY改造而成，而且充满创意与巧思！

在屏东县里港乡最繁华的闹市区，连春在评估了地点、预算和屋况之后，买下了这间连栋通天边间，它位于马路的转角处，共有四层楼，优点是二面采光；缺点是边间造型为圆弧状，在格局的规划上较有挑战性。房子的前身一、二楼是托管班，三、四楼是住家与空屋，每层楼虽有130平方米大小，但隔间规划不良造成许多畸零空间。

连春打算经营英文补习班，一楼规划为小朋友等候家长与写作业的空间，二楼则是上课的教室。为了再增加一些空间，他们利用钢构在建筑物后方增建一、二楼的空间，作为车库及教室，而三楼及四楼则保持原样，主要作为私人空间使用，但是三楼也因此多出了宽阔的露台。

1_ 约翰利用三楼空间切割剩余的1/4圆，作为练鼓区。

2_ 从三楼练鼓区往餐厅厨房方向看。

3_ 橱柜衔接到露台时，因为宽度不同，因此斜削了一块，也是可行的空间解法。

4_ 人造石面从厨房一路延伸，从工作台面转成用餐台面。稍微外倾的角度，增加厨房的使用空间。

5_ 厨房餐柜一大两小全由约翰自己手作，里面设有开关，打开时灯会亮。

6_ 从三楼露台窗户看内部，格状天花板形成一种透视效果。

7_ 三楼露台墙上，挂着约翰用竹片拼成的中文"海天月星我你"，意思类似是"海容于天、月容于星空、你侬于我"，浪漫指数爆表；另一侧是他自行编织而成的竹编墙面，让藤蔓攀爬。

大茉莉前传

"房子里又暗、隔间又多，为了省钱，三、四楼的部分，我们只请以天数计费的拆除工人，在两天内把不需要的隔间砖墙拆掉。"接下来，除了卫浴及C型钢轻隔间外，其余的木造隔间与天花板的修饰，就由约翰自行处理，然后连春负责上漆的部分。

约翰的木作好手艺，充分表现在天花板与家具上，像三楼练鼓区和厨房的天花板，以及四楼主卧宛如阁楼一般的天花板，都是非正统的天花板造型，犹如表现手艺精准度的创作。如果找一般的木作师傅来承接，价格一定不低，况且也不是每位木作师傅都愿意尝试。

从小就动手做狩猎工具、盖冰屋

约翰来自加拿大北方，父亲是海军，跟着父亲驻扎荒郊野外，常以森林为游戏地点，小时候的邻居玩伴都是因纽特（又称爱斯基摩）小孩，是他儿时最好的朋友。他会帮忙盖因纽特人在狩猎期间的临时住所"冰屋"，建造冰屋有一定的难度以及结构技巧，切割出来的块状，每层高度都不一样，还要注重冰屋内空气流动及保温的要领，他从中开始体会到对建筑而言，最重要的是实质的功能，并且无形中培养出"即使是盖房子，也可以自己来"的认知。

1_ 会受到台风波及的方向，连春跟铝门窗工厂特别定制了折叠式防台板，平时可以遮阳遮雨，不过重量很重，只有约翰才有办法扳开。
2_ 主卧床板上，约翰同样以竹片削出了"爱的小窝"竹字创作。

后来约翰秉着背包客的精神环游世界，从多战乱的中东国家到新西兰、澳大利亚，边旅行边工作，他许多任务都尝试过，也有许多专门技能是在旅行中学习的，计算机、建筑、飞行、航海、回收材质再利用等。他还曾任新西兰的营造监工职员，负责评估大型土建筑的安全，并核发执照。

约翰认为很有异国风的"竹子"

除了天花板之外，大部分的收纳柜也是约翰自己动手做的，厨房的零食柜可说是精心之作，柜门是磨成一根根的细圆杆，打开柜门时顶部的灯还会亮。另外，约翰非常引以为豪的，应该就是他所谓的 Bamboo Words 吧！以细竹子拼成的字体，包括三楼露台的"海天月星我你"以及文法比较清楚的主卧床头板"爱的小窝"，真的让人蛮佩服约翰也能将竹子削出如书法中的翘尾和运笔，同时让人感受到他们既是夫妻也是知己的惺惺相惜。

1_ before 四楼约翰的书房，天花板已经先做好造型，连春在进行墙面修饰。

2_ after 书房不到 10 平方米，很有秘密基地的气氛。

3_ 四楼侧窗窗扣极具异国古味，将垂直黑杆拉开成水平，窗子即可打开。杆末端可固定在窗框，避免脱落。

4_ before 四楼阳台原本是空的，约翰将之外推，并做出两个尖型小阁楼状的屋顶。

5_ after 四楼主卧的格局就跟一般方正的钢筋水泥楼层一样，但约翰在左侧及前方都以斜面天花板修饰，试图营造出阁楼般的空间。

6_ 浴室的镜面、置物架及天花板也是自己做的，还有透气的小窗也是，当风大的时候，可以手动将窗户关起。

before ❶

Carpe Diem

透气小窗

after ❷

❸

before ❹

after ❺

❻

1_ before 一楼托管班改造前。

2_ after 一楼托管班改造后差距甚大，运用深色板材及木地板让空间更温馨。

3_ 四楼采光充足的阳台门，镶有约翰年轻时定做的嬉皮造型玻璃花窗。天花板属高难度制作，营造出立体阁楼的空间感。

浴室里，除了浴室拉门之外，其他全回收自东港及屏东市，包括玻璃花窗、镜子、木料、天花板及天花板的玻璃灯片，可见约翰对于回收材料活用的功力。

闲不下来的约翰与连春，每天都有忙不完的事，甚至会义务帮朋友进行老屋改造或提供建议。最近两人又在离大茉莉农场 2 千米的载兴村，承租了一间保存完好的三合院，将结合约翰的好手艺以及连春的好厨艺，规划经营一家庭旅馆，让我们拭目以待啰！

大茉莉前传

❶ 一、二楼的后方，以钢构规划为车库及教室。

❸ 灌浆前，钢筋底部先铺一层防潮布，作为地底湿气与室内的阻隔层。

❹ 二、三楼地板使用白铁 Deck 板、铺筋之后灌浆，灌浆前需将旧的钢筋跟新的钢筋点焊绑牢。

❺ 新设一、二楼钢骨结构大致完成。

❷ 一楼钢柱稍加抬高，减少水气直接接触。

before 房子后侧原始状况。因受风面大，常造成室内壁癌蔓延。

after 完工 6 年后，房子后侧现况。

增建钢构施工过程

在钢筋铺设及灌浆之前，于底部铺设一层防潮毯，这是约翰针对防水防潮特别要求工班做的。一般针对水泥地没有这一工序，仅见于木地板施工。

四楼主卧通往阳台的门，是约翰在嬉皮时代、满脸胡须时的造型。

镶嵌在二楼隔间墙上面的圆形玻璃砖，线条由约翰所设计，优雅且透明的材质可让光线穿过。

四楼浴室与阳台之间，原本只有上方的小窗，为了增加采光，开出两个长方形窗柜再镶嵌玻璃花窗。

三楼的厨房通往露台的门，约翰设计出对他而言具有东方风味的意象。

玻璃花窗设计

对玻璃花窗的印象，始终停留在教堂里面那种严肃的调调，不过看到约翰运用自如，甚至自行设计出喜爱的图样，才发现玻璃花窗原来也可以如此融入日常居家之中。

四楼主卧靠窗处，以8种角度仿真出阁楼虎窗的效果。

练鼓区空间上方如切蛋糕似的手作天花板。

浴室的木作天花板合并了透光板，也许是侧窗通风效果佳，五六年下来并没有腐烂发霉。

餐厅上方的格状天花板。

天花板造型

天花板是约翰发挥他木作功力的舞台，他似乎运用了盖木屋的经验再转化到室内的木作装潢上，因此呈现出来的手法十分与众不同。

创作与生活享受
两者相辅相成

绽放微笑的
阶梯小屋

能够以维持老古厝结构本体为前提，顺
应其隔间墙的原有限制，转化为采光与
通风的路径，是阶梯小屋的改造概念中，
令人印象深刻的做法。美切于改造过程
到改造完成，都不忘添加许多乐趣与巧
思，有辛苦但也有成就感，如同孩子般
地享受其中。

绽放微笑的阶梯小屋

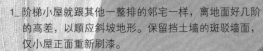

1_ 阶梯小屋就跟其他一整排的邻宅一样，离地面好几阶的高差，以顺应斜坡地形。保留挡土墙的斑驳墙面，仅小屋正面重新刷漆。

2_ 沿着阶梯是揉捏手感的扶手栏杆以及随性摆放的各式盆栽。

3_ 从后方高地看美切家，可以明显看到两栋双斜屋顶的形式。

OWNER

美切
是一位热衷于生活的创作者，作品与风格不设限，同时也喜欢绘图、旅行跟收集食物。有了阶梯小屋之后，又多了修缮与改造房屋的实务经验！

HOME DATA

地点：新北市石门区
屋型：平房古厝
屋龄：50 年
结构：加强砖造
面积：100 平方米
格局：阶梯、前廊、前栋（起居室、厨房、厕所、天井、小阁楼）、后栋（创作空间、浴室、杂物间）
改造时间：2009 年 11 月至 2010 年 2 月

上次来时，是晚上。这次来，是早上，感受到截然不同的表情。白天，可以清楚看到前廊绿意盎然的小花园，还有天井上方随风飘逸的黄槐枝叶衬着蓝天白云的背景。

美切的"阶梯小屋"，就位于北海岸一带的小路上。小路是还算宽敞笔直的两线道，全部都是住家。有趣的是，若从路口往内走，会发现两边的房子右边高、左边低，大部分房子都只盖一楼。年纪大多是超过半百的强化砖造古厝，有的是尖屋顶、有的是平屋顶。

高低错落的古厝小镇

这条小路沿着斜坡的等高线而盖，房子坐落在小路两侧，右高左低。美切家位于右边高的一侧，即使已经比马路还要高出几阶，但房子的后面依旧紧临山壁，算是半嵌在坡地里面。从邻居旁的陡径往上吃力步行几步，还可见几户像是空屋的老厝。从这里可以看到美切家的背面，还有一望无际的地景与太平洋。

绽放微笑的阶梯小屋

"是我妈慧眼独具发掘了这间已经荒废十几年、没人居住的房子。之所以会引起她的注意，首先是它略微高起的地势。"美切说，"说真的，从外观看我们就喜欢上它，并为它命名'阶梯小屋'。第二个让妈妈喜欢的特色，是屋后的那棵大树。"屋后的黄槐，清雅地伫立在与邻居家的高差之间，树荫为美切家的后半部带来凉意与天窗的绿意，不过这是他们改造之后才创造出来的意外礼物。

1_ before 阶梯小屋正面原本贴满瓷砖，这是刚拆掉瓷砖之后的状况。
2_ before 后栋屋顶原本加盖铁皮，屋瓦被覆盖在里面。
3_ before 厨房位置其实以前是厕所，有广阔开窗视野。
4_ before 天井原本的状况，有几根横梁支撑着。
5_ 入口阶梯上，用来防君子的手工小门，轻巧可爱。
6_ 阶梯转折与木平台之间，再利用一个阶差来装砾石。
7_ 屋顶的黑瓦是美切与友人一片片刷干净后，再请师傅重新铺上的。

绽放微笑的阶梯小屋

保留小屋原结构的大翻修

他们看着阶梯小屋，单从外表，就决定买了。"但是原本的屋况可以说根本是个废墟无法居住，我们把室内天花板全拆掉，看到腐朽烂黑的屋顶底板，还有屋顶与墙壁之间渗水、地面反潮严重，才发现屋况比想象中糟很多。原本以为只要换门窗就好了，没想到不只如此，尤其是屋顶的部分，需要整个翻修!"

美切的母亲曾经建议，干脆全部拆掉算了，因为重新盖间房子，花的钱也不会比整修多出太多，但这里属于特定区的范围，住宅不能擅自拆除兴建。"虽然因此让我妈头疼，但我却觉得很好，因为很喜欢这间老房子的屋瓦，现在要找也找不到了。最后，我们就以保留原屋况的前提来进行改造。"

1_ 前廊高度仅 180 厘米，在原水泥地上做了木平台，
　　再把石块放在平台周边，放几盆香草与野生花草，
　　是十分惬意的半户外空间。

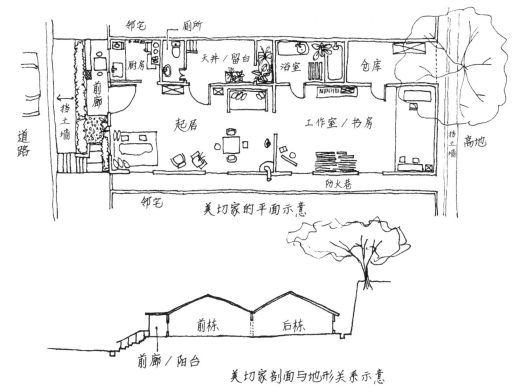

美切家的平面示意

美切家剖面与地形关系示意

这间阶梯小屋应该也松了一口气，有了重生的机会。然而除了原本的结构体没有变动之外，整个水电管线、卫浴、地板等都换新，几乎跟盖一间新房一样耗时跟耗钱，"旧屋整修并没有比较省事省钱，而且我们还亲自参与改造，但我却觉得很值得。"

前廊，重现儿时兄弟姐妹最常逗留的阳台

美切喜欢开放的感觉，因此室外前廊自然成了生活的重点区，在舒适的季节，他们常在前廊边看远山边吃饭。"小时候我们在台北的家也有个阳台，阳台种满了花、养彩色鹦鹉、挂吊床，兄弟姐妹常在阳台逗留，张望楼下的路人，阳台扮演着一种介于家与外在世界的中间角色（像乡下房子前的晒谷场一样）。"美切是个 open heart 的人，"我想我有把自己暴露在房子之外的潜意识，我是个可以在街头倒头就睡的人。所以，前廊成了我常常打开门、稍坐片刻的地方，傍晚可以看见夕阳，夜里可以听见夜莺，清晨可以呼吸到一股清新的空气。"

前廊的栏杆是丈夫方索的作品，来自法国的他，当初想法是把栏杆用水泥塑成树枝的样子，虽然原本的想象更美，但最后的结果也还算满意。他们先从台北买来了长度足够的细钢筋做成平行的扶手，然后到回收厂买来回收钢筋和废铁做成垂直的扶把，接着再敷上多层水泥，且需等前一层干了才能再上新的一层水泥。另外为了避免院子积水，两人还就地取材跑到海边搬来石头摆放。

1_ 从后栋看前栋，在这33平方米左右的空间中，已经构成了家的基本元素，左前方是会客闲聊处、左侧是夫妇俩的用餐空间、右侧是坐卧两用的床，都是利用家具来定义其局部空间的属性。

2_ 从前廊望向路上街景。因斜坡的关系，对面的房子越往后坡度就越低。前廊栏杆是方索用回收钢筋及废铁再敷上多层水泥做成的，为避免院子积水，美切夫妇两人还跑到海边搬来石头摆放在此。

刷去几百片屋瓦的陈年青苔

原本的屋架，不论是底板或檩木，都早已朽坏到失去支撑的地步、无法挽救，美切他们把屋顶全都换了，而屋瓦则是用心保留，"旧的屋瓦，现在都已经买不到了。我找了一个朋友，两人花一整天，不停地用铁刷将屋瓦沉积10年的青苔刷掉，总共有三四百片吧，然后再请师傅一块块铺回去。"美切说，"有的屋瓦已经破损，所以缺了几块，我们就到附近废墟去找，这样才能找到同一年代的瓦片。"

不喜欢隔间，希望营造明亮与宽敞感

室内是长方形空间，顺着原有的隔墙及双斜屋顶，由两栋平房串成，前栋主要是起居生活空间、后栋则是创作空间，各约50平方米的大小。

1_ 从门口看前栋的全景。质感如窑烧的黑色雾面瓷砖，赤脚踩有水泥地的清凉感。

"我对居家有个偏好——不喜欢隔间，希望全部打通。以前在台北的家便是这样，80多平方米除了厕所有隔间，其他全部打通，完全没有隔墙。而且室内要很明亮，在家时常把所有门窗都打开，但这在台北几乎不可能做到。对我而言理想的家是坐落在大自然里，家对大自然完全开放，自然唾手可得，这样的想法不知是否跟我从小在台北长大有关，导致现在很想返璞归真。"

有窗户，洗碗才不会无聊！

前栋与左侧邻宅之间还有一段距离，双斜屋顶并没有覆盖到，前屋主将该空间的前段隔为厕所使用，上方与主屋前廊一样用水泥板，后方原本仅用铁皮波浪板遮住，成为半户外空间。

改造后，他们将厨房改设在原本厕所的位置，这也让美切经历了一番挣扎："当时帮忙拆除和更换屋瓦的师傅一直劝我不要把厨房改设在这里，因为化粪池就在原本的厕所马桶正下方，他说这

2_ 从小餐桌的角度看前栋全景。
3_ 可坐卧的"床"，两人睡刚刚好、很甜蜜。棉被和枕头在白天或有访客时可以直接收纳到床底下装有滑轮的柜子里。穿过小门就是后栋的空间。

1_ 后栋作为创作的空间，照明改为日光灯管搭配点状照明。

2_ 后栋小桌子的桌脚是屋顶用剩的底板再利用而成。

3_ 厨房料理台是由一块大漂流木裁切而成，而除了料理台外，这块漂流木还同时做出了大茶几和浴室的脸盆。使用的电陶炉只有传统体积的一半。

4_ 约5平方米的厨房，视野可及远方海景。收纳空间主要集中在料理台下方。因厨房空间小，冰箱也只有传统体积的一半。

对灶神大不敬呀！我挣扎了一下，还是希望有个邻街道的厨房，这样我洗碗才不无聊呀！"

他们为此将化粪池的开口用厨房地板完全封死，"其实这是个眼不见为净的做法，并不是永久之计，哪天要是马桶不通了，就要把厨房地板撬开来清理化粪池了。现在回头想，也许当初有其他解决办法，比如另找其他出口作化粪池，以便届时清洁人员来清理。所以我们在家使用厕所时，卫生纸是不丢入马桶的，要注意让排入化粪池的东西越少越好。也因此我甚至对干式厕所感兴趣了。"

小小的厨房现在高度仅有180厘米，双手一举就碰到了天花板，墙面则贴上1厘米见方的翡翠玉马赛克，细致中带点优雅的怀旧味。

厕所改设在厨房后方，美切更换新的马桶与管线，洗手台也一样贴上了迷你马赛克。厕所上方则钉上木板，布置成约1.2米长、0.8米宽的超迷你阁楼，再钉一道楼梯，就可以轻易爬上去。

1_ 爬上木梯后就抵达厕所上方的小阁楼，需弯着腰不能站直，约高 1.3 米。往前看、往上看，都一望无际，适合独处。

2_ 厕所门前的狭长天井区，上方原本是铁皮加盖在旧屋瓦上，拆掉后反而成为全屋光线的来源。厕所门旁的木梯可爬上小阁楼。

顺应原格局，试图创造风路径

厕所外的空间则是方素的小书房，整个狭长小空间上方，都以强化玻璃斜向搭起，成为视野开阔的天井，可以看到蓝天白云与夜晚的星星，还是发呆的好地方。

斜向天井的好处是可以在侧面开窗，让热气流出，成为这间屋子的垂直换气口。"原本设想风从大门及防火巷的窗户进来后，再从厕所上方的气窗流出去，但实际效果不佳，原因是入风口无法提供足够的风量达成换气。加上夏季水平方向的受热面最大，夏天时，天井像个烤箱似的，早上9点就非常热。"美切说，"若拆掉玻璃，通风效果倒是变得非常好。有一段时间我们把窗户都拆掉，湿度变得很低。我们因而考虑是否就不要玻璃窗，但首先得解决下雨问题。"

"缺点同时也带来了最大优点，天井成了整间房子光线的来源。它像是我们家的天然大灯泡，夏天从一早7点到晚上6点，完全不用开灯。"

绽放微笑的阶梯小屋

1_ 从厕所的角度往回看天井区，这里是小屋的天然大灯泡，侧窗可开启通风。

2_ 前栋晚上的照明都靠吊灯与桌灯，昏暗的气氛让人很快就放松。

3_ 天井区之前摆有小书桌，与厕所之间拉起了一道花蚊帐布。

4_ 某个冬日夜晚，美切家起居室的夜景，很喜欢她把蚊帐布拿来当门帘的随性自在。

尚待时间解决的老屋之患——潮湿问题

漏水是小屋的美中不足，即使屋顶整个换新了，屋檐跟墙壁之间依旧出现渗水状况，而刚完工的屋顶，也看到其中几根檩条吸了水。"潮湿问题是老屋改造最重要的一点！我家的潮湿来源实在太多了，我只能一点一点慢慢试，看能不能起死回生。很多工程一旦错误施工就无法挽救，我家铺地板时，地基并没有用石砾排水、也没铺上防潮布，其实那应该会改善一部分潮湿问题。"这次经验让美切学到了改造老屋很重要的一件事——装修前一定要审慎考虑防水工程。

因为潮湿问题未解决，美切迟迟未把私人物品如藏书等搬来。所有家具只买了橱柜跟衣柜，其余包括沙发床、桌椅、灯具等，都是家人淘汰不用的。这些东西大多是台湾早期老家具，有些是十分传统的、有的则带点台式北欧风，甚至两张邻居准备丢掉的神桌都被美切和方素两人搬到屋里和院子使用，完全不避讳一般民间习俗，方素甚至表示，就算拿墓碑当桌面他也不介意！

1_ 冷气上方是老屋原本的呼吸孔，似乎是早期才有的六孔红砖。
2_ 一堆抱枕依照需求随意堆叠很舒服，用藤条当窗帘杆，再用零码布缝出杆套，就成了窗帘。
3_ 自制小壁炉，因高度比例关系，火不能生太大。

火——连接儿时外婆煮饭与法国冬日的记忆

家中还有些收集来的小东西作为装饰，方素常常会找来一些稀奇古怪的东西，像是壁炉上的大贝壳，以及说不出是什么动物的头颅。"基本上就是随地拾起一些觉得有趣的东西，然后随处搁着，有天发现壁炉上那个动物的白色头颅被烟熏得乌漆墨黑时，几乎笑了出来，心想，这是什么鬼东西呀！别人看了不觉得恐怖才怪！"

除了二手家具及饰品外，这里还实现了美切一直以来的梦想："我一直想要有个壁炉。小时候，外婆家有个灶，每次回外婆家最喜欢生火，几个年纪五六岁的小孩，喜欢围着灶口看着火，冬天我们生火烧热水洗澡，过年我们生火煮年夜饭，雨天的时候外婆生火烤衣服。在法国下雪的日子，待在壁炉前烤火是最舒服的享受。还有木材燃烧噼里啪啦的声音我也觉得很好听。我们本想买个

现成的壁炉，但都找不到合适的，要不然就太贵了，所以我们自己做了一个，当初的设计是想可以用来烤面包！"

房子里的一些家饰也是两人手作的，我尤其喜欢美切处理窗帘的方式，她在窗户两端简单钉个钩钩，再用藤条当窗帘杆，运用米白色可透光的零码布，让室内采光十分充足，没有一般老屋给人的昏暗感。到了晚上，若没打开阅读灯，昏暗的室内看起来就像是酒吧的光线。

房子还是老的好

改造一开始时，美切和方素天天在咖啡店里思考该怎么做，自己画了一堆简易施工图，甚至有很多异想天开的想法，由于这些想法和实现的过程都是经过彼此不断讨论出来的，让两人对这里产生了一种特殊的情感："这里与其说是家，还不如说是我们东拼西凑搭成一个避风的小小屋檐。在这屋檐下，没有什么东西是像家传古董一样要永久保存的；任何空间都等着随时更换他们的用途（例如厕所外天井区，我们很想把它改造成花园），并随时迎接着一个外来的稀客（捡来的东西）。我喜欢不定时偶尔改变一下室内的摆设，也许是因为我喜欢流动的空间，不喜欢任何固定的家具。改造过程成了这老房子的一小段时空，而我和方索成了这一小段时空中的一部分，若要说家是一种概念，那么这个家的形成起源于我们共同改造的经验。"

"老房子当你住进来时，它过往的时空仍存在于这房子里，即便我和这栋老房子并无渊源，但我觉得这些看不到的东西正以一种无形的方式慢慢渗透到我的生活、我的呼吸中。不过这无关好坏，纯粹是一种个人喜好。在这老房子里，我感觉我们的生活继承了它的生命，而它以无形的丰富性回报给我们。"经过了这次老屋改造，美切不禁要说声："房子还是老的好。"

现在，每隔一段时间美切会和老公方索回法国乡间老家，在那里上网不易，但有庭院可以种花种菜，是一处可以专心生活的地方。他们把这样的生活特质，复制了一些到石门的新家。久违的朋友问美切搬到小屋，是为了工作？还是为了创作？她会开心地说，"是为了享受生活！"

1_ 躺在浴缸里往上看的风景，是摇曳的黄槐与风和日丽。
2_ 美切梦想中家的必备：拥有一个有天窗的浴室。"而我现在的家，索性连屋顶都免了，我泡澡的时候可以看到蓝天，有时还会有猫经过。"浴缸是先用砖块卡住，侧面再用木板封住。

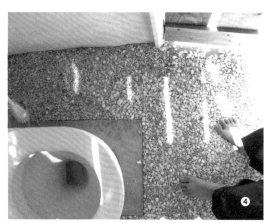

1_浴室的洗手盆，主体是一片厚实的原木（漂流木），再下挖一个浅槽，表面涂上水泥、贴上马赛克与蛤壳（见 P201 页图片）。

2_浴室的地板铺上红白碎石，不过因为浴室容易溅水，上面还是放了自制栈板。

3_阳光透过小阁楼的木地板间隙，照映在厕所墙上。

4_厕所的地板铺满了海洋感的白灰砾石。

浴室 阳光充足的浴室正培育大叶子的黄金葛。

绿色空间

阶梯小屋让人如此舒服的主要原因之一，就是植物，只要有阳光的地方，美切都会种上几株，而且都是以不需要特别花心思照顾的耐阴、大叶、多年生植物为主。

屋顶 将竹片接在屋檐下方，撷取雨水及露水作为菜园的浇灌来源之一。

前廊 从阶梯来到大门口，沿途都有香草及花花草草的绿意点缀。

屋顶 穿过小阁楼的窗户，外面还有屋顶菜园。

天井区 这里日照强烈，用木板钉出一个箱型，种植沉水性水生植物。

拼贴在厨房台面旁的1厘米见方马赛克，颜色像玉石翡翠般，因为很小，排起来更花时间。

被保留下来的水泥花窗。

早期的实木梳妆镜的上半身，放在小阁楼上。

马赛克与蛤壳一同出现在浴室的洗手槽内。

厨房挂着代代相传的绿色平底锅（右下角），目前是从婆婆传到美切手中。

小时候最害怕的藤条，现在被拿来当窗帘杆。

优雅的复古味

不一定非老家具不可，有些可以靠材料自己手作去创造，或者利用建筑本身的特色元素，或者本身偏好的生活哲学特质，都可以有同样的效果。

手感墙壁：石灰抹墙

房子原本贴满瓷砖，拆除之后墙面坑坑洼洼，美切说，一般做法是用水泥粉光抹平，再上油漆，不过对她而言，等于又多一笔开销，而且她也不喜欢平整的水泥墙面。

"所以我们尝试抹石灰，石灰加水调成泥状，再用手一把一把抹上墙，效果很符合我的需要，而且雪白得不得了。"石灰抹墙很适合用在老屋，尤其是粗糙的表面，可以省下所有油漆的费用，也许还可以帮助调节室内的湿气。

瓷砖剥除后的墙面都是坑洼。

石灰加水调成泥状，再用手一把一把抹上墙，手感十足。

项目	单位（元新台币）
拆除工程（含屋顶、地板、门窗及卫浴的拆除）	260,000
水电管线	80,000
门窗	200,000
厨房卫浴设备	60,000
泥作	100,000
后间挡土墙	80,000
地板	70,000
杂支（防水漆、灯具、壁炉等费用）	150,000
总计	**1,000,000**

生活本就该
呼噜呼噜地用力玩

七彩迷魂三合院

空间随性摆放着作品与公仔，无迹可寻
的收藏偏好却又非常明显自成一格。俊
阳在墙上的画作与书写，以及随性摆放
在各处的公仔与雕刻创作，大多轻盈、自
在，有的很搞笑幽默，从某个角度来看，
真的跟这间70多岁的土角厝很搭呢！

1_ 穿过前院之后，来到俊阳家的大门，墙上眼冒"心"星的老虎转头跟客人打招呼。

2_ 邮箱上很有礼貌地写着"谢谢邮差"的字样。

3_ 红色屋顶的大三合院左侧的黑色屋顶，是三合院的外护龙，也是俊阳的家。

OWNER

李俊阳（妙工俊阳）

迄逃郎，台东出生、花莲长大，现居台中市区巷内。常用毛笔书写些看似无厘头却有意思的心得于笔记本，随手创作都是大作，却总是视之为无物，是一位轻盈的生活者。

blog: tw.myblog.yahoo.com/rainbow-temple

HOME DATA

地点：台中市

屋型：三合院右外护龙

屋龄：70 年

结构：土角厝

面积：约 130 平方米

格局：前院、卧房（兼书房）、起居室、厨房、卫浴、仓库、工作室

闹市区里的时光隧道

前往俊阳家的路上，在巷口紧急踩了刹车……心想，这里真的是一八六巷吗？

它窄到像防火巷，大概只有 2 米宽，而车身有 1.7 米宽，加上左右两面后视镜，难道不会卡住吗？

这里真的是台中市吗？电话确认无误，只好先把后视镜收起，小心翼翼地驶进巷内，生怕紧邻的水泥墙会擦到车体。开进去约 20 米，前方立刻豁然开朗，而且房屋形式也从大马路的二、三层楼连栋透大，转为一栋栋的平房，白色小屋如积木般，沿着蜿蜒小路排排站，还有一棵显然被修枝过的大榕树，大刺刺地"踩"在路中间偏一点。这里是非常有趣的空间，好像顿时来到早期的农村，却没想到会出现在台中市这已过度开发的区域，离路还不到 5 分钟的车程，令人不禁感到很惊喜！

1_ 将自己雕刻的布袋木偶头作品与各时代流行的公仔随性置放在一起，表现出俊阳不刻意也不眷恋特定的过去，并以游乐的心情来看待生活。

2_ 让人觉得车子会卡住、不敢开进去的巷口，仅约2.1米宽，而且右侧还有一些突起的阶梯。

3_ 穿过"卡卡巷"后，里面豁然开朗，成排的白色平房坐落于蜿蜒小路旁，还有一棵大榕树占据了小路左侧。

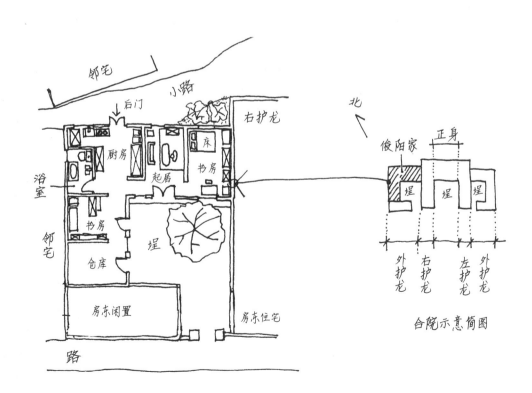

合院示意简图

1_ 房子是用大块土砖盖成的土角厝，外墙曾涂上水泥砂浆，不过随着风吹雨打又剥落了，墙厚 30 厘米，室内温度通常会比室外还要低 2 ～ 3℃。

2_ 厨房屋架部分，仍可清晰看到被熏黑的茅草、竹子跟杉木。

从花莲到台中工作的孩子

和俊阳相识，是因为在台中二十号仓库的巧遇，很喜欢他的作品《观自在不在》。经旁人介绍，得知他家"超有意思""超酷的"，俊阳一身接近古装的打扮（功夫鞋、七分宽裤、短旗袍式的外套，还有鸭舌帽），还有他十分精彩、全都用毛笔或画笔记录的笔记本，一看就知道这人有料，于是央求拜访他的窝。

这位既有气质、又可以搞笑、不摆架子、爱玩创作的人，跟他聊天让人觉得亲切自在，所以趁机询问，终于有机会登门拜访。

俊阳是花莲人，15 岁就跟着叔父来台中从事广告牌行业，因而在这一带落脚。之后念书、成家立业、结束婚姻、创作、打工，这 20 多年来，俊阳始终住在这里没有离开。

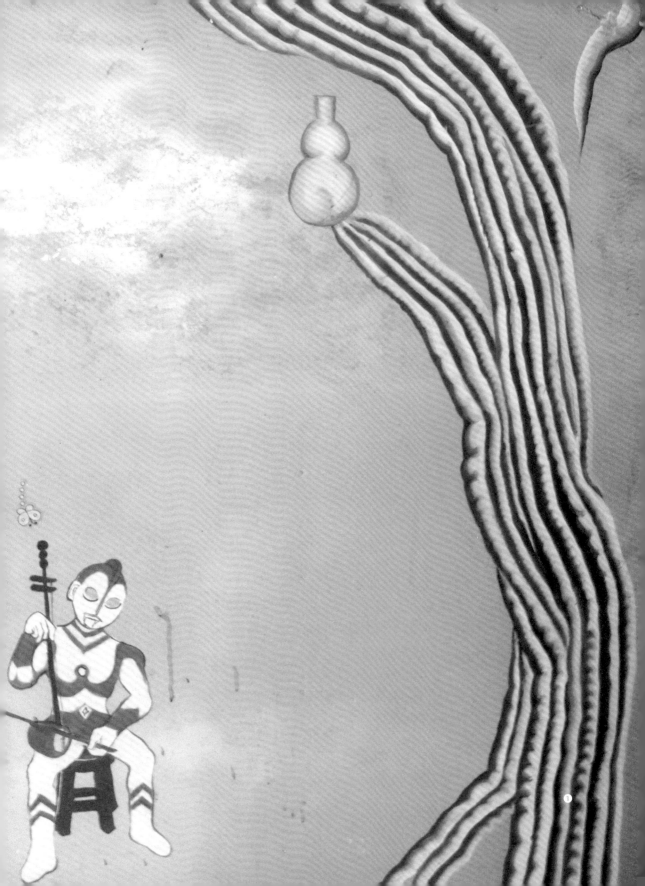

离不开这里，是因为这里的环境

"台中市区所有的喧哗嘈杂，只要过了台中一中就断了。"俊阳说，"早些年台中市区已被规划好，以台中火车站为门面、中港路为市区大道等，不过后来都被改乱了。好在这里被划定为'文教区'，早期这里是电台广播的设置区，也是水源地，能够住进这里的，大多是文人书生，气氛很好、又安静。"这区的居民真的很幸运，商业与工业的魔爪没有荼毒到他们，有几户人家的大门画着看不懂的外文与图案，显然这里也吸引非主流的外来移民。

"所以每次我回来，都超享受那种空间的变化，从嘈杂的大马路转进小巷，先看到大树和一排排蜿蜒的白色小屋……然后我就知道回到家了！这里太吸引我了，我觉得能住在这里是件很幸运的事。"俊阳在台中市区的出行，主要靠步行，远一点就骑着他的伟士牌古董机车，跟这里的环境很搭。

1_ 入口大门的门板上，咸蛋超人一反平日好战挑衅的姿态，平静地在树下拉二胡。

2_ 俊阳常心血来潮，随性就将木偶脸刻出来。有时别有含义，有时则只是好玩。

3_ 自己雕刻的布袋木偶与各时期流行公仔摆放在一起，提醒自己不要太过严肃、太看重自己，以游玩的心情面对生活。

4_ 不像现代布袋戏，五官女性化、眼神永远是漫画里的水汪汪大眼，俊阳刻的是早期传统木偶，眼神与五官传递出各自的个性。

5_ 虎儿回头叼着水晶球，是用镜面仿真的。

1_ 墙上有可爱的咸蛋超人剪纸、张国荣与梅艳芳合演的《胭脂扣》剧照、天线宝宝……非常热闹。

2_ 从右外护龙门口进来的"厅堂"，延续客厅的功能。俊阳通常坐的主位是在右侧。

3_ 主位周边放有吉他、电子琴、二胡、小提琴、大提琴等各种乐器，让他自娱娱人。

4_ 用细铁丝编出的小年兽和歌仔戏风格的人偶。

5_ 小时候买零食送的塑料玩具，被俊阳串成灯罩状的吊饰。

住在大宅门右护龙的外护龙

俊阳的房子是租来的，屋主早期是大户人家，所以三合院不只是单纯的Π字形，而是两层建筑，俊阳租住的范围是三合院右护龙的外护龙，空间呈L形，依照目前的规划，分别是卧室兼书房、起居室、厨房卫浴、画室跟仓库，共5个房间，全部都靠一扇门串成整个L形动线。

三合院是70年前就盖好的土角厝，墙厚约30厘米、室内凉爽，屋顶以茅草与杉木为底，最上层则铺上黑瓦（有的已换成铁皮波浪板）。虽然墙壁看起来有点斑驳、厨房的杉木檩架也被熏黑，但多年来漏水情况只曾出现在西侧画室的一面，其他部分都还算维护良好。

家具大多是二手的，有朋友送的、也有捡来的，但都配置得浑然天成。又或许是摆设太吸引人吧，家里的每个角落，都可以看到各个时代流行的公仔，而俊阳自己雕刻的布袋戏木偶也随意穿插摆放其中。

放轻自己享受自在

"为什么把无敌铁金刚等公仔跟你雕刻的传统布袋戏木偶放在一起？"俊阳30多岁时，学习的布袋戏木偶雕刻，风格是属于传统古典的细致刻工，不知情者还以为是老师傅刻的。"早期那些叫做娃娃，公仔是最近流行的用语。"俊阳提醒说，"把自己的作品和通俗文化的公仔们放在一起，可以把自己'放轻'，不会把自己看得太重要……这样比较自在。"

俗话说得好，一旦认真，就输了。不受限，让他创作出咸蛋超人剪纸、把公仔改装成二胡（而且真的可以演奏），主流与独特元素充满趣味地组合在一起，常让访客会心一笑。

许多艺术相关工作者，都会参与环境与社会议题的游行抗争，我问俊阳如何看待此事？"我想，我们是属于押牌的那一群。你同意哪一种做法，当机会来时，你就站在那一边。像是我支持反核，只要有机会，我就会表达，但不会在不需要的时候硬扯到这话题上。"翻了翻俊阳的彩色笔记本，其中一页写道："凡夫小我也，有神话梦境。随天机走、阿弥陀佛，不引动那政治化之脑袋瓜。"

1_ 把洪易原创的公仔改装成二胡，名为金胡涂，音箱较大，声调比一般二胡来得
　　低沉温柔，俊阳现场表演几首英文老歌。
2_ 俊阳书写日记、写书法、弹古琴的空间。

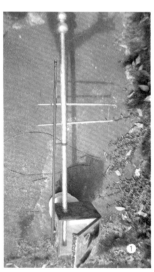

创作是珍贵的乐趣，被商品化就无聊了

尽管俊阳的作品充满才气，若放到艺廊或者交给经纪公司可能还有机会在国际上博得名气，但他拒绝让自己的作品成为特定艺廊、媒体或收藏者的专属与炒作，他要让他的创作随时随地都能看到，房子的外墙、门板上，甚至出现在各种艺术活动的装置艺术里，例如今年初开幕的"新台湾壁画队——盖白屋"，观赏者不必走入高档艺廊或者花钱，就能欣赏到他的作品。

俊阳并不喜欢人家称他为艺术家，因为他觉得自己只是一个"人"，不希望被定型，更何况他对艺术家也感到纳闷，"为何艺术家要一直营销同样的东西？最后营销的所谓艺术品，却限制了艺术家的创作力！"

大家边聊、俊阳边玩乐器，拉着组装的公仔二胡、小提琴、大提琴，敲着用瓦斯桶焊成的铁鼓，边和我们讨论着 YouTube 上的《时代精神》、哈佛大学的《正义课程》或 Sia 的 MV。

我欣赏着这儿似乎永远看不完的收藏与创作，不时勾起"想当年"的这些玩具或公仔，旧时代的记忆不停被唤起，是种有趣的甜蜜。这里洋溢着奇妙空气，不论是经常造访、还是第一次来的朋友，都很容易把这里当成家一样自由自在。

以迄逃郎自居的俊阳，一年里几乎有一半的时间不在家，宅的时候很宅，朋友邀请出门创作，他说走就走，各地都有朋友，就像他说的"空空空、通通通"，把自己放空，往哪走都通！

1_ 走进厕所，里头也摆有许多小娃娃，天花板是用早期的老门片架在上方，如此一来厕所上方就多了置物的空间。

2_ 俊阳的画室。他将书法垫布钉在墙上，直接垂直作画。右侧是人家送的老菜橱。

3_ 俊阳年轻时曾做过招牌绘制，也曾经就读美工科，彩绘材料用量很大。

4_ 俊阳家就像黑暗童话的实景秀，连芭比娃娃都换上布袋戏偶服。

厨房后门也有对联。上联：卯禧卍玩乐古今；下联：兔气呼噜爱天涯；横批：卯喜妙妙妙妙新年。（妙，音同妙，美好之意。）

紧邻家中大门旁的踢脚板处，住着一只鸭子，它也有写门联。上联：呱呱呱呱呱呱；下联：呀呀呀呀呀；横批：我乃、唱呱呱鸭。真是一只有才气的鸭子。

心经是俊阳喜欢书写的经文，在高雄市白树里的某间老厝外墙也有他的大型书写作品。

虎年过、兔年来，前门左右两对联上两只黑白兔正在练功大，横批写着：卯禧玩卍乐古今。

俊阳的家，春联真是充满弹性装饰的好帮手。它可以让人会心一笑，也可以让空间变得有趣，从单张到成对，都可以大做文章。

有的春联用画的。自在钩煮茶＋一个人静静啜饮＝全世界恐怕只有我最幸福。

小改造・大舒适　平价低碳生活住宅

大面积绿化
电费一降好几千

西面阳台、外墙与
屋檐平价绿化

薜荔西晒墙 屋主许先生

目前居住在高雄桥头区，为高中
物理老师，喜好居家修缮、木工
DIY，自家前院的遮雨棚、玄关鞋
柜、穿鞋椅、侧院棚架皆为自行
制作。因长期观察并照顾自家西
晒植物，有实务上西晒动植物昆
虫生态之经验。
dhruva_qqq@yahoo.com.tw

边间、独栋、阳台朝西的房子，都很容易遇到西晒状况。水泥墙在西晒时吸热，晚上又慢慢释放出热来，影响睡眠质量、增加空调负荷，如果情况允许，在西晒面种植物，可以降低室内温度。

住在高雄桥头区的许先生家，是面南连栋透天的西边间，从下午 1 点开始到夕阳西下，炙热阳光至少有 5 个小时不断在西面墙上烘烤，晚上水泥墙面放热，没有开空调很难待在家里活动。

8 年多前，他试着种薜荔，耐晒又耐旱，十分坚韧，即使外墙没有任何可缠绕的支架，也可以垂直扶摇直上。"大概三、四年就抵达三楼顶了（约 11 米高），不过那年遇到强台风，整片被吹刮下来，又从一楼重新爬起。"许先生说。之后，许先生每年修剪薜荔，不让它分枝太多而致风雨太强时崩塌！最后薜荔终于爬上且钩住顶楼女儿墙，再蔓延到顶楼楼板，成为许家最坚固的绿色隔热外

1_ 许先生家为连栋透天之西晒边间（最左边的一户），外墙被薜荔所包覆，至今已八九年时间。

2_ 外墙上厚厚的绿色地毯，有助室内降低温度，又可以避免水泥墙吸热、放热，也提供鸟类、昆虫休息居住的栖所。

3_ 薜荔果实很像爱玉，也可以提炼出果胶、制成果冻，但不宜生吃。

4_ 薜荔的须根会穿过纱网，应尽量使其远离纱窗。

5_ 从外墙爬到顶楼的薜荔，已经占满整个顶楼地板，直接帮助顶楼降温。不过定期修剪、避免它影响到邻居，就是许先生每个月的任务。

壳。"因为老婆不喜欢吹空调，而我怕热，自从种了薜荔，我们两人对舒适温度的需求都得到了满足。下午室内通常比室外低两三度，到了晚上水泥墙不再发热，空调开二十八九度，搭配电风扇就足够。"也因为薜荔长势很强，许先生每年都要请工人修剪一次，半天时间整修清理含吊车费用约5000元新台币。"就维修费而言，每年5000元很划算！还没种薜荔前，空调费用较高！夏天两个月电费约四五千元新台币，现在才一千出头！"

近看薜荔贴近墙面处，会发现它的须根分泌黏液而牢牢吸附在墙上，靠近窗户的薜荔，许先生必须时常留意，拔除之后发现外墙的油漆也一并被剥落，可见吸附力之强。而纱网也有局部被薜荔攀爬，须根一旦穿过纱网，就较难拔除。

1_ 前院种植使君子、外墙种植薜荔，
都是耐晒耐旱的攀缘植物。（图片
提供·许先生）

2_ 薜荔连玻璃都有办法攀附住。

对许先生一家人而言，尽管需定期维护检查，薜荔带来的好处却多过坏处，尤其是遮阴跟调节温度效率一流，甚至比隔壁邻居还少开空调。

绿墙必然会吸引昆虫鸟类在此栖息，这里就常看到小鸟来访，每年修剪时，都会发现鸟巢，许先生无形中塑造了这一带的都市绿岛，给鸟提供安全凉爽的庇护所。充满生命力的同时，蚂蚁数量也增加了，"蚂蚁甚至爬上床影响睡眠质量，我只好在床脚放置水盘，形成'护城河'，在友善状况下，减少蚂蚁干扰。"

至于薜荔气根偏向细缝的特性，是否会有漏水疑虑？许先生倒是觉得可以接受，一来是房子盖得相对坚固，二来是定期都有检查维护，至今并没有任何漏水发霉状况。反倒因为西晒墙同时也是该巷口的回风处，台风来时成了第一线受风面，许先生认为，与其接受风吹雨打、强烈日晒，薜荔对墙面具有保护作用。

平价低碳生活住宅

常见的防西晒植物

平整墙面：爬墙虎、薜荔、结网攀爬瓜果类

垂直墙面在没有任何辅助的状况下，需要能攀爬及耐旱均强的植物，常见有爬墙虎及薜荔。爬墙虎以吸盘的方式固定在墙面上，钻缝能力不像薜荔这么过度，但是若以墙面的绿叶密度而言，薜荔胜出。且爬墙虎冬天会落叶、薜荔不会。

另外，若预算较为充足，亦可距外墙 10～15 厘米另搭设铁架，使其攀爬于外层，与外墙之间形成空气层，也可以加强隔热的效果。

在西晒墙面结网，混种丝瓜、百香果及皇宫菜等瓜果类攀缘植物。

爬墙虎包覆的外墙，冬天会落叶，较适合冬天需要阳光的房屋。

栏杆：软枝黄蝉、使君子、金银花

有铁栏杆当底的阳台或露台，就可种植性喜日晒的全日照攀缘植物。不过耐旱程度就不如薜荔或爬墙虎，夏季一天至少要浇灌一两次。软枝黄蝉与金银花为常绿植物，使君子冬季则会落叶。阳台种满攀缘植物的好处，是可以帮助降低西晒日照的高温、稍加过滤街道扬尘、增加私密性，不过阳台就少不了蚂蚁及昆虫的拜访。

使君子在夏季开花，花期长，又是红色的，十分抢眼，通常 11 月至来年 2 月落叶，可以趁机修枝。

软枝黄蝉种植在居家阳台的盛况，需注意其汁液有毒，勿让儿童误食。

除了栽植之外的替代设计

遮阳棚、遮阳板

通常使用轻钢构的方式架出遮阳用的屋檐，可以请铁工制作，有些遮阳板设计成可以调整角度的，不过通常只要遮住夏日仰角较高较热时段的烈日，就可达到目的。

遮阳板的角度设计成遮住夏日仰角较高的烈日，但可以让冬日较倾斜的阳光照进室内。

黑网

又称百吉网、遮阳网，市面上按遮光率分为80%、60%及50%，主要用于园艺栽培，不过后来越来越多住户发现黑网的好处，便宜、耐晒又遮光。黑网的绳子需购买尼龙绳而非塑料绳，才能延长使用寿命。

将黑网披在阳台栏杆或窗外，依照其长度可以决定阳光进来的量。

百叶窗、室外挂帘

在窗框轨道处增设一道百叶或竹帘，也可以多重阻隔阳光进入室内。

西向大窗的室外一侧安装上竹帘，以及可以调整角度、完整收起的铝片百叶，有效阻隔太阳的辐射热，降低室内空调的负荷。

平价顶楼
降温法
黑网、菜园、多肉植物

若讲究美观跟低维护需求，顶楼以多肉植物和地被植物较不需照顾。若只是单纯想降温，则可任由适合的野草自行竞争生长、演化，更能给鸟类、昆虫提供自然的都市绿岛。

绿屋顶专题网页

hsiliu-greenroof.blogspot.com

屋顶菜园 屋主林先生

居住在台北市山腰挹翠山庄的公寓里，与太太、小孩享受自游自在的退休生活。一直有回归有机土地耕作的梦想，也用心学习绿建筑。家里有大片阳台，也善用顶楼空间，规划为有机菜园，是全家大部分青菜来源，亦乐于将拾得的用品再利用。

garylin0103@yahoo.com.tw

黑网遮阳 屋主橘小珺

高雄人，现居花莲，三只马尔济斯犬的妈，宅妻，喜爱摄影。

blog.xuite.net/aphrodite.w/HYC

住在顶楼的住户，比别人多承受了上方楼板大片面积受热，水泥楼板傍晚开始释放热，晚上回到家，家具电器甚至床铺都很热，若夜晚无风更是难待。绿屋顶经过这几年推广已经开始见到成效，以多肉植物花园、菜园为主流。

住在台北山腰上的公寓、并在屋顶规划菜园的林先生说，"屋顶菜园帮助降温的原因之一是大多使用 PE 栽植槽（盒）种植，栽植槽内部是调配良好的有机栽培土，它的保湿性、排水性皆良好，土壤团粒结构自然也好，空气孔隙分布均匀，对热传导的阻隔就有帮助。"

"再者，栽植槽底部结构是过滤网与 2 厘米深的蓄水空间，通常状况下，这 2 厘米的空间是干燥的，也就是充斥着空气的。而栽植槽的基座设计也让它与屋顶保持 2 厘米的间隙，这空气层就有很好的绝热功效。最后，栽植槽与棚架上健康生长的叶菜类或瓜果类，有叶序排列良好且浓密的叶片，

1_ 台北信义行政中心的顶楼绿屋顶，以空心砖作收边。若自行施工，
费用约每平方米 2000 元新台币以下。

2_ 土壤边缘与空心砖间以不织布隔开，避免根系扩张、防止土壤流失。

3_ 空心砖与地板之间，垫有一层抗根酸保护垫。

4_ 如果顶楼可加以利用，而且容易抵达，屋顶菜园既可降温、又可获
得收成及陶冶性情。此为台北市挹翠山庄老公寓顶楼，住户林先生
于自宅上方的顶楼种植菜园。

5_ 林先生利用细水管搭配束扎带，架起漂亮的圆弧形藤架，半圆体的
结构较耐风吹，再覆盖以园艺网，供瓜藤类植物攀爬。

让阳光停驻叶片上，而叶片下就自然形成阴凉的环境了。"林先生的顶楼菜园只有 50 平方米，却
种满许多蔬菜水果，相关投资包括：栽植槽（盒）、有机培养介质、有机肥料、泥炭土、搭棚架用
的空心砖、PVC 管及其固定夹、瓜网、灌溉用的大型 PE 蓄水槽、洒水壶、水管、承接雨水的管路
安装、修剪枝叶的大小剪子、饲养蚯蚓的容器，购买第一批的健康蚯蚓、种子、菜苗、瓜苗、有机
的病虫害防治资材等。一年来，经过夏秋两季全面积全心种植，大约投入了 35000 元新台币。

不过由于顶楼产权关系，并不是每个住户都愿意到顶楼照顾花草菜园，因此也衍生出黑网遮阳、
铁皮屋遮阳等，前者多为简易式 DIY 安装，但若考虑延长使用寿命以及方便收纳等状况，读者
可以参考下页屋主橘小珺的做法。

平价低碳生活住宅

黑网遮阳（图片提供·橘小珺）

屋主橘小珺记录下自家顶楼黑网的施工过程。由于不常上顶楼，不太可能种植花草菜园，希望在低预算的状况下，做出平价耐久的降温设施，小珺请施工人员到现场进行黑网架设工程，由于目的是纯降温，因此高度仅离地面约40厘米，所选择的黑网遮光率为80%。设计滑轨的目的，是考虑遇到台风天可以将黑网收起，这样不会被强风破坏、延长黑网寿命。

整理顶楼场地，以便施工。

黑网前方加装铝杆，只要把杆子一推，就可以顺畅折叠收纳。

于女儿墙上标示间距并钻入铁桩固定，约每50厘米立一个，不过要请工人预做防生锈或渗水的防护措施。

把铝杆绑在最前端的滚轮上，减小收放黑网时的摩擦力，也不会把黑网拉坏。

效果观察：2010年6月至2011年7月，历经几次台风与炎热气候，黑网及其相关零件仍可顺畅使用。而楼下的室内温度也从原本三十六七度降到三十四五度。安装前，由于顶楼楼板还在放热，晚上还是很热。安装后，床铺的感觉从很烫变成微热，晚上室内也较容易变得凉爽。

相关数据：施工面积约90平方米、连工带料价格约12000－15000元新台币（2010年行情）。

将固定在黑网上的耐高温塑料扣套到线径约5毫米的黑色PVC包覆铁丝上。

完工后，黑网全部拉开的状况。黑网离地约40厘米，与地板之间形成一段空气层，达到降温的目的。

空调的效益调整与安装

降低空调负荷
省钱又有益于大环境

空调环境与节能住家的观察者
庄启佑

台湾成功大学工业卫生与环境医学硕士，现为台湾大学生物产业机电工程学系博士班研究生。长期关注平价节能的住宅环境及工程信息，并与厂商有空调系统设计、维护与效率改善实务合作经验。
d97631001@ntu.edu.tw

在拥挤都市里，碍于大环境限制因素，并不是每家每户都有条件或能力去创造不需空调的居家环境。再加上这几年平均温度年年升高，导致空调电费高昂，或是设备偶有故障，甚至也曾听空调技师提及，城市中若能在夏季每天下午 2 点左右，家家户户顶楼洒水 5 分钟，就可以大幅降低空调负荷等说法。可见降低空调负荷、增加空调效率，不但可节省电费，对大环境也多少有益处。

持续关注空调效率、环境质量与绿住宅议题的台湾大学生机系博士班研究生庄启佑提到，"室内环境的体表舒适程度，是由温度、湿度与风速来决定，每个人的感受程度因活动量、体温、所处时间与不同空间转换等因素有所不同。依照美国冷冻空调协会的建议，室内舒适温度夏季为 23.5 ～ 25.5℃、冬季为 21 ～ 23℃，湿度为百分之 30% ～ 65%。"若要兼顾舒适度与节能，启佑建议搭配空调提供的"睡眠"设定，"建议夜间睡眠时段利用空调搭配电扇，设定入睡时使用 1 ～ 2

小时降低室内温度至舒适程度后关机，近日出时再次启动空调一两小时。"针对西晒问题，启佑认为西晒的房间应顺势作为不用久待的空间，"最炎热的西晒面，不要让空调主机直接曝晒，易导致故障。"

降低空调主机与外壳的负荷量

居家常用的典型窗型空调外机，其侧边为空气入风口、背面是热风的出口，入风口及出风口都不应该被遮到，才不会降低效率、让空调做无用功。

1 外壳遮阳：空调主机之外壳建议进行遮阳处理，可减少夏季时因太阳直射而升温。
2 避免西晒：尽量避免将空调主机放置在建筑物的西晒面上，太阳西晒的高温会阻挠空调的热

1_ 主机安装在西晒面的阳台，为了不让太阳辐射热进来，架了木百叶窗，却也让主机的散热不易、室内空调也不够凉。

2_ 在木百叶上方的小窗上加装排风扇、于主机上侧装喷雾喷头，试图达到排热、降温的目的。

3_ 空调主机上方加装小屋檐、两侧辅以三角铁架支撑，同时达到通风、遮阳及安全支撑的目的。

4_ 主机装在受风面或西晒面，却没有任何保护者，很容易折损寿命、运转吃力。

排放，容易造成主机故障。

3 降低排放出入口的阻碍：空调主机之室外空气引入口及热气排放出口，建议面朝开放方向，避免正对墙面，或与草木、其他主机排放口相对。若空间真的有限，也有在外壳上方安装喷雾系统达到降温的方式。

电扇配空调，发挥空调最大效益

若不开电扇，空调需设定 27℃才会舒适；若搭配 14 英寸台立扇，则 29℃就觉得舒服。且 29℃空调运转 36 小时，才会与 27℃空调运转 16 小时，达到同样的空调排水量，证明前者压缩机运转量不到后者的一半。

1 若使用电扇搭配空调，可将空调设定温度提高 1 ～ 2 度，即可产生节能效果，可节能达到 6%。
2 目前市面上有许多空气循环扇产品，其有效风力吹送范围较传统电扇更远，产生之冷气均匀扩散效果更佳。
3 电扇位置之吹送风向最好与空调出风为同一方向，而非对向，让电扇促使冷气顺势循环。

维持室内空气的清净

启佑并不鼓励将室内门缝全部填密以阻绝冷气外泄，室内若无新鲜外气交换，可能造成二氧化碳浓度过高，反而可能引起住户不适。

除了定期清理空调滤网之外，目前市面上可见到全热交换机产品，其以热交换原理，将室外空气温度降低后引入室内，同时将室内含有污染物之空气排出，其降温效果不如空调，但可以较为节能的方式维持室内空气质量。

此外，室内空气亦可借由使用空气清净机、使用环保建材、增加扫除频率等方式来净化。

空调的安装位置影响效率

空调的外壳，两侧是入风面、正面则是出风面，这三面均需要有足够的空间让机器呼吸。最好的空调安装方式，是上方有足够的遮风避雨、下方有恰好的平台可以固定机器。

空调右侧太靠近墙壁，易造成右侧入风不良。

空调右侧太靠近墙壁与招牌，易使右侧入风不良。

空调左侧太靠近外墙柱，易使左侧入风不佳。

出风口被棚子挡住，造成排热不佳，后以裁切两洞解决。

既保护了机身、进出风口也没被挡住的合适安装法。

空调与电扇搭配之效益改进

空调技师建议，空调与电扇的方向若能相互搭配，不但可以减少空调负荷，也可以更有效率地降低室内温度。在一处容纳6名员工的办公室内，每位员工都搭配一台电扇，办公室两端也装有空调，却依旧感到空气滞闷，经过调整之后，将电扇放在办公室斜角，并以顺时针转动，员工立刻感到凉爽。

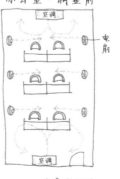

办公室·调整前

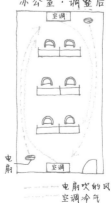

办公室·调整后

—— 电扇吹的风
—— 空调冷气

顶楼与外墙的防水

弹性水泥、PU 及外墙防水涂料

图片提供·李瑞山

防水工程师傅 李瑞山

绰号阿山，近 20 年的防水工程处理经验，经由屋主推荐、成为阿羚常请教的防水师傅。处理过多种老屋漏水、壁癌的屋况。阿山最得意的是，下雨天时，没有屋主会打电话来跟他求救抱怨，他是一位雨天时可以闲在家的防水师傅。
sam_gogo@hotmail.com

顶楼、阳台或外墙常见的防水处理，在材质上主要分为 PU 防水、弹性水泥防水、外墙涂料防水，不论何种形式，都有其主要的工序。

"顶楼防水，若是防水层处于外露状态（即表面没再贴瓷砖或石材），不论 PU、弹性水泥工序，整理干净之后，至少要分别涂上底漆、中涂及面漆这 3 道工序。"长期处理防水防潮工程的李瑞山表示，"常见的顶楼屋顶大多是水泥，底漆的作用是增加黏合度及填补毛细孔；中涂则是主要防水材料；而最上层的面漆则是作为保护层。若每隔一、两年都定期仔细重新涂抹，能较好地确保中涂层的耐久度，至少可以撑上 15 年。"

尤其需注意，弹性水泥虽然较 PU 便宜，但日积月累下来会有水解现象，表面最好还是贴上瓷砖或石材加以保护。

此工序适用于新屋顶楼，表面还会贴瓷砖、大理石或涂上水泥的房子。主要材料为弹性水泥和玻璃纤维，玻璃纤维的作用是降低防水层龟裂的可能性。表面覆盖瓷砖或大理石，就可以保护防水层，避免龟裂。一般施工行情每平方米约 500～600 元新台币（含场地整理清洁）。

选择不会下雨的晴朗天气，将顶楼地板清扫干净。

涂上底漆（新旧水泥黏合剂），需涂抹两次，确保大部分的底漆渗入水泥地毛细孔。

待底漆干后，涂上第一层弹性水泥。每涂完一段，就把玻璃纤维网覆盖其上。

玻璃纤维网完全覆盖，每行的玻璃纤维网边缘需重叠至少 10 厘米以上。

边缘的防水处理，以滚筒涂抹均匀。

"抹"上第二层弹性水泥，这次是用抹刀涂抹，要比第一层还厚，把玻璃纤维都填满。

等都干了之后，表面再贴上瓷砖或以石材覆盖。

1_ PU 防水也分为底漆（油性 PU 底漆）、中涂（主要的 PU 防水层）、面漆（透明的保护层，需每两年涂一次），价位为每平方米 900～1100 元新台币，较适用于漏水严重的老屋顶楼。

2_ 外墙涂料可以配合建筑物本身的颜色来选色，也有透明色，适用于瓷砖外墙。通常外墙涂料为油性，需至少涂两层。每平方米 400～480 元新台币不含搭鹰架。

3_ 严重漏水的老屋顶楼阳台，安装挡风雨的铁皮屋顶后，于地板涂上弹性水泥，女儿墙则涂上外墙防水涂料。

①

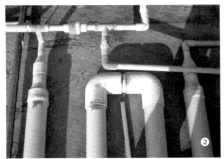

②

顶楼太阳能
热水器 DIY

二千五百元就能有舒适洗澡水，
还能降低顶楼温度

平价能源 DIY 的实践者　钱震台

喜欢动脑自己做，运用现成及平价的材料，活用自然能源的原理，从自行改造面包窑、火箭炉、煮水壶到烤炉 DIY。由于十分讲究养生，家中面粉、五谷类皆自行用石磨制成粉状。http://tw.myblog.yahoo.com/lkksm-lkksm/

大热天时，大家都有冷水龙头出热水的经验。那是因为太阳晒了水塔一整天，让我们有免费的热水可洗。

追求简单、平价、DIY 的屋主钱震台，利用这样的原理，于 11 年前在顶楼增设了平面水管，根据他的观察，水管会吸收顶楼的热，让水管内的水加温，同时降低顶楼楼板的温度。

于 2011 年 6 月，他又在自家的第二间房子顶楼上做了第二组，两组不同之处在于尺寸不同，效果跟优缺点也因此而异。

由于顶楼攀爬不便，我实地访问时是拜访第二间房子的顶楼，可以看出施工上真的很简单，连女生都可以完成。

震台的第二间房子，是连栋透天的最边间，三楼屋顶部分没有加盖，水塔直接曝晒在太阳下。他用了 4 根口径 4 英寸（直径约 10 厘米）、长 4 米的水管，接住水塔的出水口，自来水从水塔出来之后，先经过迂回的水管，再送进建筑体的水管。

我们回到一楼，打开洗手槽，一开始是没有晒到太阳的屋内冷水，不过热水很快就来了，是舒服的温热水，而且不像水塔晒热那样不均匀，一想到这样的热水是纯粹靠太阳"免费暖暖的爱"所加热的，就有种赚到的感觉。

"我在顶楼自行安装，只花两个小时，不必更改屋内水管管路、不需要一根钉子、也不必请工人，装好之后就有 120 升的水可以用，一家四口洗澡绰绰有余（在每位洗 10 ～ 15 分钟的状况下），而且不需保温桶、太阳能板或集热管，台风来不用担心，还可以降低一点楼板的温度！很实用啊！"

使用心得与优缺点

以下是震台归纳出 11 年来，于夏季与冬季，使用 4 根水管制作太阳能热水器的心得：

1　夏季：当室温约 30℃时，水龙头流出的水平均约 45℃，也许是顶楼水泥楼板散热，被弯管中的水吸收，即使到了晚上八九点，水还是温的，可洗澡，不需另外添加冷水。
2　冬季：有阳光时，比一般水龙头多 10℃以上，所以不会有冰冷刺骨感，洗碗不需要另外开热水，盘子油污也比较好清除。
3　阴天、雨天：无效，只能改用燃气或电热水器。
4　缺点：夏天时，想要冷水较不方便；寒流来时水温提高度数有限。

1_安装 11 年仍可正常使用的 DIY 太阳能热水器。
2_太阳能热水器与水塔的相接处，可以自行施工，
　也不需要敲钉。
3_4 根 4 英寸的水管，长约 4 米，转弯处为裁切下
　的水管，约 30 厘米长。
（图片提供·钱震台）

建议：震台一家人对于这样的安装适应良好，但若有屋主需要冰凉的冷水，则建议更新全室管线，或者新屋新建之际，将此 DIY 的太阳能热水器管线与纯冷水的管线分开，这样既有太阳加热的被动式热水，也有主动能源加热的热水，还有常温的冷水。

肌肤能接受的水温在 40℃以下

一般体质泡温泉，很难待在 40℃温泉池内超过 3 分钟。"DIY 太阳能热水器，温度约在 50℃以下，经过室内水管流到一楼浴室，又会下降几度。因此不容易有烫伤的问题。"震台说，"任何太阳能热水器，温度再高都需加冷水降到 40℃以下才不至于烫到，所以追求高温的意义不大，反而是随时都有不花钱的热水才不会心疼。"

实际测量的结果，至今没有超过 50℃的水温状况出现，并不会高到 60℃而造成水管破裂，或者大量毒素释放。

安装费用及材料选择

水管选择 4 英寸管、厚度 3.5 毫米、长度 4 米，一根价格约 400 元新台币，购入 4 根。L 型弯头每个 150 元新台币，购入 6 个。从水塔外接出来的出入水管，依各顶楼需求决定尺寸。若空间有限，也可以选择 2 英寸水管，温度会比 4 英寸水管高 2 ～ 3℃，升温快但降温也快，不过储水容量小，仅约 30 升，稳固性也较弱。

1_ 改变一个奶粉罐的开口与进气口，就可以引燃熊熊火焰。
2_ 这是另外一间透天顶楼，安装 2 英寸水管，可提供 30 升的低温热水。

DIY 可携式花盆烤暖炉

露营郊游可供应十人份食物

逛街购得的园艺花盆，成了震台全家周日出游的好帮手。由底部到顶部，分层别类，可以烤不同的食材，底部放木炭，中层烤红薯、烤鸡，顶部还可放葱油饼、香肠与青菜等易熟食材。只要一包 10 元新台币木炭就可以烤 5 ～ 6 个小时。

材料

1　泰国制园艺用陶制大花盆（高 52 厘米、直径 40 厘米、壁厚 2 厘米），重量 15 千克、售价 500 元新台币。盆底下方一定要有孔（浇灌植物漏水用），以便让外部空气从底部进入。

2　用厚铝箔包覆陶盆内部，从底部到顶部边缘都加以包覆。

3　高、中、低层的铁网（平常用来垫汤锅、蒸包子的铁盘）。

注意

1　木炭要放在均匀打孔的不锈钢洗菜锅内，木炭与锅底之间再垫一片铁网。

2　使用时不要碰到水，以防破裂。

3　温度控制在 250℃以下，并慎防儿童碰触。

花盆烤炉需准备的主要工具如图，花盆底一定要有孔洞、木炭需有两层容器的承接较为安全。

露营郊游携带花盆烤炉，足以供应 10 人的食量。

中层烤红薯约 40 分钟烤熟，再高一层放烧饼、葱油饼，约半小时内可以烤熟。

（图片提供・钱震台）

高龄化居家 局部小设计

安全、舒适 移动顺畅

①

高龄者居住空间的研究者 曾思瑜

目前担任台湾云林科技大学建筑与室内设计系教授，为日本国立筑波大学设计学博士，长期研究关注高龄者居家生活的安全设计，兼顾高龄者生理、心理之机能需求，从小单元居家到大型高龄居住机构，都是其研究范围。
tzengsy@yuntech.edu.tw

国内目前每 100 人中就有 17 人超过 65 岁，长期研究高龄者居住环境的曾思瑜教授表示，"与身障者的状况不同，老人家是渐渐地、慢慢地变得行动不方便。中国人的普遍习惯是人去迁就环境，但若要终老都能顺畅、尽量独立地居住，应以人为主体，让房子去配合人。"她提到通用设计，就是儿童、成人、老年及身障者都可以方便使用的设计。"设计一个坡度不陡的坡道，取代阶梯或者多弯道的陡坡，让大家都可以使用，就是通用设计的其中一个例子。"

随着新一代的高龄者有了更独立、更重视尊严的居住偏好，大部分都不希望过度依赖子女，因此若能趁改造之际，就将自己老后可能需要的空间条件设计进去，更可大幅延缓聘请看护或者让子女轮流来照护的时间。"其实为终老而设计的住宅，预算也不会太高，只是考虑需不需要而已。像是环绕全室的悬吊轨道，就可以在改造或新盖时，预留在天花板上，并将天花板的承重设计妥当，将来老人家即使双脚不方便，也可以透过遥控式悬吊轨道上的座椅，在不同空间行动。"这

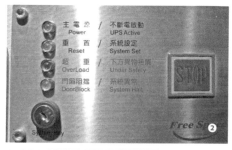

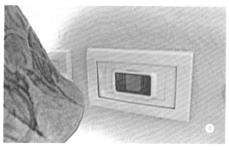

样的轨道，不一定要找设计师，只要找
铁工，计算轨道承重可达 150 千克以上
（体重约七八十千克的住户），就可以串
联客厅、厨房、浴室等最常活动的空间。

室内空间设计重点

曾思瑜教授曾经到东京都荒川区参观东
京都瓦斯公司设置、由老年生活环境研
究学者林玉子教授所设计的"都市型两
代同堂住宅"，共两层楼，一楼是给老

1_ 可容纳 4 人、让轮椅进出的家用电梯，两
边设有扶手。

2_ 电梯按钮面板，右侧有又大又明显的
STOP 紧急按钮。

3_ 电梯门旁边设置可以与外界联系的电话，
并输入常用号码。

4_ 于床头边设置紧急呼叫按钮。

5_ 浴室与卧房之间用平板排水孔，轮椅进出
无障碍。

6_ 床边设置短扶手，方便老人家搀扶、同时
也可以避免不慎摔下床（曾有老人因坐在
又高又软的床边滑落摔断腿骨的事例）。

人家住、二楼是年轻人居住，在此整理出几项高龄化居住空间所需注意的设计重点，有兴趣的读者可上网下载 http://repat.moi.gov.tw/files/20_4small.pdf。

1　出入口大门采用稍微用力就打得开的拉门，也提供轮椅方便进出回转的宽度，入口旁边也设计轮椅的收纳空间。

2　小型家用4人电梯。

3　料理台、洗碗槽、煤气炉等台面均可升降，厨具及餐桌结合为一体中岛，基于安全考虑，炉火不会高于炉口。

4　浴室马桶加大、附背垫、两边均有扶手。

5　卧房、起居室、浴室、厕所皆采用拉帘的开放式设计，各空间以电动轨道吊梯串联。

6　楼梯两侧皆装扶手，阶梯踏面宽稳，阶面使用对比强、较易辨识的颜色。

7　卧房为两张单人床，单人床之间设伸缩拉帘，必要时可区隔为两个空间。

1_ 厨具及餐桌结合为一体中岛，料理台、洗碗槽、煤气炉等台面均可升降。（图片提供·曾思瑜）

2_ 卧室采用拉帘的开放式设计。（图片提供·曾思瑜）

3_ 马桶两侧或单侧设置扶手，便于搀扶。

4_ 淋浴区地板用防滑瓷砖，墙面设有表面防滑的把手，并放置小椅子，便于坐浴。

Green Land 03

老屋绿改造

图书在版编目（CIP）数据

老屋绿改造 / 林黛羚著 .

— 武汉：湖北科学技术出版社 ,2016.12

ISBN 978-7-5352-9227-8

Ⅰ . ①老… Ⅱ . ①林… Ⅲ . ①居住区—旧房改造—案例—台湾 Ⅳ . ① TU984.12

中国版本图书馆 CIP 数据核字（2016）第 279805 号

责任编辑：唐　洁　刘志敏

装帧设计：胡　博

责任印制：朱　萍

出版发行：湖北科学技术出版社

www.hbstp.com.cn

地　　址：武汉市雄楚大街 268 号出版文化城

　　　　　B 座 13-14 层

电　　话：027-87679468

邮　　编：430070

印　　刷：武汉市金港彩印有限公司

邮　　编：430023

印　　张：15.5

开　　本：787×1092　1/16

版　　次：2017 年 3 月第 1 版

印　　次：2017 年 3 月第 1 次印刷

定　　价：58.00 元